SALVANDO NUESTRAS SEMILLAS

Fotografía tomada por Small House

SALVANDO NUESTRAS SEMILLAS
··· La Práctica y Filosofía ···

Bevin Cohen

Copyright © 2020 Bevin Cohen
Sanford, MI, EE. UU.
www.smallhousefarm.com

Diseño de portada y páginas por **Heather Cohen**
Fotografías cortesía de **Baker Creek Heirloom Seed Company**
a menos que se especifique lo contrario

la página 29 MasterQ/Shutterstock.com
la página 55 Jullex51/Shutterstock.com
la página 89 LesiChkalll27/Shutterstock.com
la página 139 Goran Cakmazovic/Shutterstock.com

Crédito por la portada
SUPERIOR *Baker Creek Heirloom Seed Company*
INFERIOR *Kari Witthuhn-Henning de Appleton Seed Library*

Todos los derechos reservados.
Nada de este libro puede ser reproducido de ninguna forma o medio sin el permiso escrito del publicador, excepto en cortas citas conectadas a artículos realizados específicamente para revistas y periódicos o extractos limitados para uso personal.

ISBN-13: 978-0-578-81113-0

Este libro no sería posible sin la ayuda de muchos, entre los que se incluyen:

Felipe Cordovez por traducir la obra original, Wendy Montanez-Ortiz y Curzio Caravati por su asistencia en la edición del manuscrito y Heather Cohen por el diseño y trazado para ambas ediciones en inglés y español de este libro. Para los numerosos preservadores de semillas y agricultores que compartieron su fotografía con nosotros.

Gracias a todos.

Tabla de Contenidos

Acelga 14
Apio de Campo 16
Berenjena 18
Berza 24
Brócoli 30
Cacahuate 32
Calabaza 34
Caupí 42
Col Rábano 48
Coles de Bruselas 50
Coliflor 56
Colza o Col Forrajera 58
Crespa, Col 60
Espinaca 62
Frijol Adzuki 68
Frijol Ancho 70
Frijol Ayocote 72
Frijol Común 74
Frijol Soya 80
Frijol Tépari 82
Garbanzo 84

Girasol 90
Guisante 92
Haba 94
Hojas de Mostaza 96
Lechuga 98
Lenteja 102
Maíz 104
Melón 110
Nabo 112
Papa 114
Pepino 120
Pimiento 122
Quimbombó 124
Rábano 130
Remolacha 132
Repollo 134
Sandía 140
Tomate 148
Tomate Verde 154
Trigo 156
Uchuva 158
Zanahoria 160

Tabla de Contenidos

• • • • • • • • • • • • • • • •

La Práctica

- Polinización y Estructura Floral 166
- Polinización a Mano o Manual 168
- Procesamiento de Semillas Húmedas 174
- Trillar y Aventar 178
- Hibernación de Bianuales 180
- Etiquetaje y Almacenamiento 181

La Filosofía

- Las Semillas como Maestras 13
- Un Puñado de Historias 26
- Hola Dalia 52
- Jardines Históricos Congelados en el Tiempo 64
- Cómo la Diversidad Llena Nuestra Bandeja 86
- Estando de Pie Junto al Maíz 100
- Potencial en un Campo Vacío 136
- Rutas Comerciales Modernas 162

Las Historias de Preservadores de Semillas

- Mehmet Öztan 20
- Sarah Tomac 38
- Angie Lavezzo 44
- Russell Crow 76
- Rafael Mier 106
- Curzio Caravati 116
- Chris Smith 126
- Rob Mcelwee 142
- Laura Flacks-Narrol 150

Fotografía tomada por Baker Creek Heirloom Seed Company

Prólogo

Preservar semillas es más que un hobby o pasatiempo, es una manera de vivir que se centra en conservar el pasado y a la vez, prepararse para el futuro. Bevin Cohen es un ávido agricultor y preservador de semillas cuyos ambiciosos esfuerzos de crear bibliotecas de semillas por todo el medio-oeste y más allá, están ayudando a preservar el pasado y a la vez, preparándonos para el futuro.

Mi propia aventura como cultivador y preservador de semillas comenzó cuando aún era un niño pequeño miembro de una familia que realmente apreciaba la jardinería y agricultura. Planté mis primeras semillas cuando tenía sólo tres años de edad y, al ser educado en casa, aprendí a leer mirando catálogos de semillas y revistas sobre jardinería.

Cuando tenía doce años, mi familia se mudó desde el condado de Valley en Idaho a Missouri, donde había una época de crecimiento más extensa y un clima perfecto para esta. Para ese entonces, ya estaba bastante involucrado en mi hobby de preservar semillas. Ya sabía que quería trabajar con ellas de alguna forma, pero no tenía idea si ese sueño se haría realidad o adónde me llevaría.

Me di cuenta desde muy pequeño que muchas de las variedades de semillas que me gustaban en un catálogo no siempre estaban en la edición del año siguiente, por lo que, a lo largo de los años, aprendí cuales estaban «desapareciendo». Esta epifanía me llevó a interesarme en preservar la diversidad de las semillas y, posteriormente, fundar la Compañía de Semillas Autóctonas de Baker Creek (Baker Creek Heirloom Seed Company), la cual se especializa en encontrar semillas poco comunes de todas partes del mundo y hacerlas disponibles para jardineros de todos lados.

He sido testigo del apego a la jardinería por parte de gente de todas las edades; desde niños pequeños hasta adultos mayores, muchos de los cuales son nuevos a este mundo, plantando sus primeros jardines. Muchos otros son personas que atendían sus jardines, se dieron por vencidos hasta que se dieron por vencidos por distintas razones, pero que ahora han retornado para experimentar los beneficios de crecer sus propios alimentos. Otro grupo son aquellas personas mayores que nunca han cultivado nada pero que tienen un nuevo interés en producir sus propios alimentos, viéndolos como una alternativa más saludable a productos de supermercados.

SALVANDO NUESTRAS SEMILLAS: La Práctica y Filosofía

Prólogo

Unos aspectos claves en cuanto a establecer una compañía de semillas en crecimiento han sido el tener un interés en aprender sobre estas, de sus historias y de la gente detrás de esta práctica, por lo que muy temprano en mi carrera comencé a reunir a la gente que compartía estos intereses. Comenzamos a organizar «festivales» en la granja de Baker Creek desde el año 2000, para luego ayudar en la creación de la Exposición de Semillas Autóctonas Nacionales (National Heirloom Exposition in California) en el 2011. Los oradores eran clave, ya que estos venían a compartir sus conocimientos en cuanto a jardinería y preservación de semillas, que es cuando Bevin entra en la historia. Conocí a Bevin Cohen por primera vez en el año 2018 cuando habló en la Exposición de Semillas Autóctonas Nacionales de Santa Rosa, California, para luego encontrarlo nuevamente al año siguiente en el Festival de Plantaciones de la Primavera, el cual atrae a diez mil personas a nuestra granja ubicada cerca de Mansfield, MO. Me di cuenta de que sus ideales y valores acerca de la preservación de semillas eran similares a los míos. El mensaje a su audiencia era el mismo que el que yo daba a mis lectores: SALVAR NUESTRAS SEMILLAS es importante.

Tanto él como yo hemos tenido la oportunidad de conocer a una buena cantidad de defensores del movimiento, los cuales han resultado ser bastante informados e influyentes.

Bevin tiene una habilidad natural para mantener a la gente interesada en la agricultura. Usando sus semillas autóctonas, compartiendo historias y siendo un defensor activo de la comunidad de intercambios de semillas, viaja alrededor del mundo con su esposa y dos hijos educando a la gente acerca de la importancia de la diversidad genética. Debido al trabajo que él y su familia realizan, mantienen la diversidad de los cultivos autóctonos en su propia granja, compartiendo información importante acerca de métodos básicos de polinización y técnicas de preservación de semillas. De igual forma que su capacidad natural de atraer la atención de la gente cuando les habla directamente, también tiene una habilidad incomparable de despertar interés en las enseñanzas de su libro. Tal y como él y su esposa viven una vida simple en su Granja de Small House, Bevin, de manera simple y concisa, presenta sus ideas en este libro.

Prólogo

● ● ● ● ● ● ● ● ● ● ● ● ● ● ●

Estoy agradecido de haber conocido a Bevin Cohen, no sólo por las historias que hemos compartido sobre ideas e historias relativas a las semillas y agricultores, sino que también por su genuino interés por aprender más historias y compartirlas con otros. De la misma manera en la que disfruto reunir a jardineros y preservadores de semillas con el objetivo de hacer justamente eso, preservar semillas, Bevin hace lo mismo de forma magistral en este libro. Lo considero un valioso colega en el mundo de la jardinería con semillas autóctonas o de familia.

Jere Gettle
Dueño y fundador
de la Compañía de Semillas Autóctonas de Baker Creek
(Baker Creek Heirloom Seed Company)

Fotografía tomada por Rareseeds.com

Fotografía tomada por Baker Creek Heirloom Seed Company

Las Semillas como Maestras
Por Bevin Cohen

• • • • • • • • • • • • • • • • • • • •

Como agricultores, sabemos que nuestras aventuras anuales en la tierra pueden dejarnos cansados, sucios y algunas veces frustrados... pero también sabemos acerca de esa adrenalina que se produce al ver ese primer brote haciendo su camino desde la tierra, de aquel placer que da ver esas bellas flores moviéndose con el viento en un cálido día de verano y de aquel éxtasis indescriptible que produce una cosecha abundante, llenando tanto nuestras mesas como también nuestras despensas.

También sabemos que, aunque tener un jardín puede ser un gran desafío con una buena recompensa, si nos tomamos el tiempo de observar y escuchar, este puede convertirse en un gran maestro. Nuestros jardines nos enseñarán sobre paciencia y humildad. Aprenderemos a compartir, acerca del significado y la importancia de la muerte como parte del ciclo de la vida. Cuando cosechamos y recolectamos las semillas de nuestros cultivos, nos volvemos una parte activa de la naturaleza cíclica del existir. Como agricultores y preservadores, somos mayordomos de la tierra, guardianes de la semilla, cantantes de la canción de la vida; ningún trabajo en el planeta es más importante.

Mientras te adentras en este reino, este libro servirá como tu guía. Dentro de sus páginas encontrarás instrucciones sobre cómo y cuándo cosechar tus semillas de una variedad de especies, así como también a cómo procesar y almacenar estos milagrosos paquetes de vida. Nos adentraremos en la filosofía de conservar y preservar semillas y su rol en el resurgimiento de los sistemas de comida localizados. Leerás historias sobre numerosas personas encargadas de estas y aprenderás sobre qué inspiró a cada uno a tomar sus primeros pasos en este camino.

Al voltear estas páginas, nos acompañas en el círculo de la vida y juntos nos adentraremos a la aventura...

Acelga Suiza Naranja Oriole
(Oriole Orange Swiss Chard)

Esta selección, llamada así por el bello pájaro Oriole dorado, es una hermosa adición a tu jardín que puede también ser usado en jardines comestibles ornamentales.

Es comúnmente creído que la *Beta vulgaris* fue domesticada por primera vez cerca del Mediterráneo hace más de 2000 años y cultivada por sus hojas y tallos de forma similar a la acelga que conocemos hoy. No fue hasta el siglo XVI que el cultivo de raíces que conocemos en la actualidad como remolachas fue desarrollado, por lo que es importante para un preservador de semillas que tanto estas como las acelgas pertenecen a la misma especie, al igual que la remolacha azucarera.

Al ser polinizada a través del viento, esta debe ser cuidada atentamente para mantenerla aislada, evitando cruces. El polen producido por estas plantas es muy pequeño y ligero, por lo que la manera más simple de asegurar su pureza es limitarse a florecer sólo una variedad al año. La acelga es bianual y necesita pasar por una hibernación, proceso que es descrito en la página 180. Con algo de planeación y un horario alternante, puedes mantener unas cuantas variedades diferentes de tus remolachas y acelgas favoritas.

Un buen consejo es apartar un espacio extra para tus plantas del año siguiente, ya que pueden crecer bastante y necesitar de estacas. Cuando los frutos que se forman en las ramas se vuelven secos y marrones, pueden ser recolectados y limpiados como cualquier otro tipo de semilla seca. Para más información acerca del procesamiento acerca de cultivos de semillas secas, visitar la página 178.

Fotografía tomada por Baker Creek Heirloom Seed Company

APIO DE CAMPO

Pastinaca sativa

Familia: Apiaceae

Método de polinización:
Polinizada a través de insectos y ocasionalmente de manera autógama

Aislamiento:
240-800 m

SEMILLA SECA

B — BIANUAL

HIBERNACIÓN REQUERIDA, VER PÁGINA 180

APIO DE CAMPO

En lo que a mi concierne, el apio de campo no obtiene el crédito que merece en los jardines actuales. Conozco a mucha gente que nunca lo ha cultivado y a otros que nunca lo han incluido en sus cocinas. Es una vergüenza. ¡Este vegetal es muy versátil, sabroso y relativamente fácil de cultivar una vez que obtienes las semillas!

Bajas tasas de germinación no son el único problema que existe en cuanto a cultivar *Pastinaca sativa*; la savia que sale de los tallos y hojas de la planta puede irritar la piel. Por este motivo es que se recomienda usar guantes, camisas manga larga y otros equipos de protección cuando se trabaja con ellos.

Son bianuales y requieren ser vernalizados para que florezcan y produzcan semillas, pero son increíblemente resistentes al frío y pueden ser dejados en la tierra para que hibernen en climas incluso más fríos. Si tu región de cultivos no alcanza temperaturas lo suficientemente frías para vernalizar tus plantas (bajo 10°C o 50°F por 10 semanas), entonces debes desenterrar las raíces y prepararlas para almacenarlas en un refrigerador. Para más detalles sobre como hibernar tus cultivos, visita la página 180.

Ya que los apios de campo se polinizan a través de insectos, necesitan ser aislados de otras variedades para evitar cruces. En algunas áreas, los agricultores también tendrán que estar atentos de apios de campo silvestres, ya que estos fácilmente pueden pasar por una polinización cruzada con tu variedad de jardín. Ya que las flores de *Pastinaca sativa* son auto-compatibles, se puede considerar hacer una polinización manual para asegurar semillas puras. Más información acerca de la polinización manual se puede encontrar en la página 168.

Las semillas secas maduras pueden ser cosechadas y limpiadas con las mismas técnicas usadas para aquellas de zanahorias. Para más información sobre cómo procesar semillas secas, ver la página 178.

Fotografía tomada por Baker Creek Heirloom Seed Company

BERENJENA

Solanum Melóngena

Familia: Solanaceae

Método de polinización:
Pasa por una auto-polinización y una a través de insectos

Aislamiento:
90-450 m

SEMILLA HÚMEDA

A ANUAL

BERENJENA

Las berenjenas son otro de esos cultivos que desearía haber apreciado más cuando niño. Su apariencia es fascinante y en cuanto a la cocina, su versatilidad es única. Como adulto, no me aburro de comer cuanta berenjena pueda y estoy muy agradecido por la diversidad ofrecida por esta increíble fruta.

Parece haber una multitud de opiniones en cuanto al origen de *Solanum melongena*, con algunos académicos remontando su domesticación a la India, mientras que otros a China ya que existen registros escritos mencionando a la berenjena hace más de 2000 años atrás. En la actualidad, familiares silvestres de esta fruta pueden ser encontrados tanto en África como en Asia.

Mientras que la berenjena se auto-poliniza, sus flores atraerán insectos que puede causar un cruzamiento entre variedades. Esto se puede solucionar de distintas maneras, incluyendo el aislamiento de la planta, embalsar los brotes y limitarse plantar una variedad por temporada. Para más información acerca del embolsado de brotes, dirigirse a la página 169. Otra forma de evitar esta polinización cruzada es cultivar berenjenas de diferentes especies. Hemos cultivado y amado una multitud de *Solanum aethiopicum* y disfrutado de su delicioso fruto color escarlata. De esta manera podemos disfrutar la diversidad de dos variedades de berenjenas sin preocuparnos por cruces, garantizándonos una cosecha de semillas puras y auténticas. En adición a todo esto, estas especies comparten la misma técnica de cosecha.

Asegúrate de que tus berenjenas maduren por completo si es que planeas cosechar semillas viables, lo sabrás al notar como los frutos comienzan a cambiar de amarillo a marrón y, en el caso de la *S. aethiopicum*, a un color naranja. Estas son procesadas como semillas húmedas, una técnica que es descrita a mayor profundidad en la página 174. Un truco para simplificar el proceso de extracción es el cortar el fruto maduro en pequeños cubos y pasarlos por un procesador de alimentos junto con una reducida cantidad de agua, usando una hoja de masa y unos rápidos pulsos para remover las semillas de manera sencilla de la pulpa de la fruta.

LAS HISTORIAS DE PRESERVADORES DE SEMILLAS

MEHMET ÖZTAN
OESTE DE VIRGINIA, EE. UU.
PROPIETARIA DE LA COMPAÑÍA: DOS SEMILLAS EN UNA VAINA (TWO SEEDS IN A POD HEIRLOOM SEED COMPANY)

Yo fui, una vez, un ingeniero. Entonces una primavera, hace años, planté unas semillas en el patio trasero de mi nuevo hogar en Tampa, Florida y luego de ese momento, no pude alejarme de la jardinería, ni tenía la intención.

Soy un preservador de semillas turco y granjero nacido y criado en Turquía con mis adorables padres, quienes siempre proporcionaron a la familia de los alimentos más frescos posibles. Mi padre fue un profesor de silvicultura que sirvió de mentor para algunos de los mejores expertos en su campo, mientras que su hermano era un arquitecto paisajista. Ambos adoraban compartir historias sobre árboles y flores en la mesa. Lamentablemente, gran parte de mi vida la pasé en un edificio de apartamentos en la ciudad de Ankara, prácticamente durante toda mi adolescencia. Sí, habían arboles de morera y cerezos en nuestro patio trasero, los cuales tuve el honor de trepar con mis amigos durante los veranos, pero nunca cultivé vegetales hasta después de mudarme a Tampa.

Recuerdo claramente haber visto como cultivaban productos auténticos de Turquía tales como el melón Sürme, el tomate Aya, el pepino *Çengelköy*, la calabaza *Adapazarı*, el frijol seco İspir y muchas otras variedades en cada tienda de comestible y en el mercado agrícola a nivel nacional pasados los años 2000.

Desde que volví a los Estados Unidos en el 2006 como alumno de doctorado en la universidad del estado de Michigan, mi misión se convirtió en encontrar los sabores y vegetales de mi infancia. Por el 2010, me mudé a Tampa siguiendo a mi futura esposa Amy Thompson. Ese mismo verano empecé un jardín en el patio trasero

Fotografía tomada por Baker Creek Heirloom Seed Company

de nuestro nuevo hogar mientras trataba de terminar mi disertación de forma remota, lo que no solo me ayudaba a liberar mi estrés, sino que también me abrió las puertas al reino de una cantidad inmensa de sabores, colores, formas y tipos de plantas. Poco después de esto, comencé a buscar semillas autóctonas turcas a través de trueques con otros preservadores, de Redes de Intercambio de Semillas (SSE) y catálogos de diversas compañías. Fue entonces que me enteré de las dificultades por las que pasan granjeros locales y como las compañías multinacionales de biotecnología controlan ambos mercados globales y nacionales. Salvar y preservar semillas para proteger la biodiversidad y mis valores culturales se convirtió en una pasión personal. Unos años después, y con el apoyo de Amy, renuncié a mi carrera de ingeniería para seguir mi pasión por completo y fundé una compañía de semillas autóctonas llamada Dos Semillas en una Vaina (Two Seeds in a Pod). Poco después, nuestro jardín trasero no daba abasto para nuestras necesidades y me vi en la necesidad de expandirme, lo que eventualmente me llevó a un campo de tres acres.

Entre los vegetales que Amy y yo disfrutábamos de nuestro jardín, las berenjenas (patlıcan, también llamada balcan o badılcan) se convirtieron rápidamente en una de nuestras favoritas, ya que eran muy similares a unas que probé en Turquía, además de ser mil veces mejores en cuanto a sabor a aquellas variedades disponibles en supermercados locales. La berenjena es un cultivo muy importante para mí culturalmente hablando. Aunque es conocida por ser nativa del sudeste asiático, Anatolia (también conocida como Turquía asiática o Asia Menor) es uno de los lugares más antiguos en los que se ha cultivado. Existen muchas variedades de berenjenas turcas y anatolias, así como también platillos hechos con estas, como por ejemplo *Karnıyarık* (berenjena rellena con carne molida), *Kuru Patlıcan Dolması* (berenjena deshidratada), Şakşuka (berenjena frita servida con yogur y salsa de tomate), İmambayıldı (berenjena rellena con vegetales) y *Yoğurtlu Patlıcan Salatası* (ensalada de berenjena frita servida con ajo y yogur natural). En los últimos diez años he coleccionado, cultivado y compartido muchas otras variedades con un exquisito sabor e impresionantes valores culinarios, dentro de los que se incluyen *Kemer, Aydın Siyahı, Pala, Antep, Topan, Alacalı Manisa, Yamula, Halep Karası* (una gema cultural compartida entre Siria y Turquía) y una que tuve el privilegio de nombrar y que personalmente clasifico al mismo nivel de *Halep Karası*, la *Muğla Yılanı* (Serpiente de Mugla).

Después de 10 años practicando jardinería y agricultura en Florida, en el verano del 2018 nos mudamos a la bella Virginia del Oeste. Hoy en día trabajo en la universidad de Virginia del Oeste en los semestres de otoño y primavera como profesor asistente para el departamento de geología y geografía, pero no como ingeniero, sino que como encargado de semillas promoviendo variedades autóctonas, soberanías y seguridad acerca de éstas, así como también información acerca de prácticas de cultivos sostenibles.

A principios del 2019, mudamos nuestra compañía a Reedsville en Virginia del Oeste, donde continúo mi aventura con estas semillas turcas y las maravillosas variedades autóctonas del Appalachia y de Virginia del Oeste en nuestra granja de producción e investigación de semillas de seis acres de superficie. Para el verano del 2019, habré cultivado y comido semillas cosechadas de unas 10 variedades de berenjenas y ansío cultivar muchas más en el futuro.

Fotografía tomada por Baker Creek Heirloom Seed Company

BERZA

Brassica oleracea

Familia: Brassicaceae

Método de polinización:
Polinizada a través de insectos

Aislamiento:
800 metros

SEMILLA SECA

B
BIANUAL

**HIBERNACIÓN REQUERIDA,
VER PÁGINA 180**

Berza Azul a la Antigua (Old Timey Blue Collard)

Producto de una donación de Ralph Blackwell de Alabama al Trueque de Preservadores de Semillas (Seed Saver's Exchange) en 1989, Ralph describe en su carta de donación como esta variedad ha sido cultivada por su familia por más de 100 años y cómo su madre preparaba algo similar al chucrut con sus hojas.

Otra miembro de la *Brassica oleracea* y una de las primeras en ser domesticadas de esta forma cerca del mediterráneo oriental hace más de 2000 años, las berzas son bianuales y requieren de hibernación, de la cual puedes aprender más en la página 180.

Aunque el uso de este vegetal es sinónimo con la cocina sureña, no llegó a América hasta el siglo XVII cuando esta fue traída por esclavos africanos.

Ya que muchas de estas plantas son bianuales, le permiten al agricultor disfrutar de una diversa selección en una temporada al plantar las semillas del año pasado, por lo que se debe tener en cuenta de que estas plantas, a pesar de ser no compatibles con su propia especie, pueden pasar por una polinización cruzada. Aunque muchos de los cultivos de *B. oleracea* pueden tener un gran número de necesidades, básicamente producen semillas de una forma y un proceso similar a través de pequeñas vainas llamadas silicuas, las cuales al madurar se secan y se vuelven ligeramente marrones.

Estas vainas deben ser recogidas con mucho cuidado ya que se rompen fácilmente y si esto pasa, se perderá todo su contenido. Una vez recolectadas, pueden ser sacudidas o trilladas, removiendo las semillas para ser aventadas o hacerlas pasar por mallas, desechando así sus residuos. Más detalles acerca de cómo trillar y aventar semillas secas pueden ser encontrados en la página 178.

Un Puñado de Historias
Por Bevin Cohen

• •

Un puñado de semillas es uno de historias, las cuales portan no sólo nuestra historia y cultura, sino que también nuestra supervivencia. La sensación de estas en mi mano es suficiente para activar mis recuerdos y emociones en relación a sus respectivas variedades. Cada semilla es realmente como una cápsula del tiempo.

A lo largo de todos mis años como conservador de semillas, he tenido el honor de escuchar un sin número de historias especiales; algunas rastreando orígenes, mientras que otras, de manera sentimental, siguen de cerca la descendencia de un familiar o barrio. Estas historias vienen de muchas formas y cada una de ellas merece ser preservada. A medida que pasa el tiempo, estas se han heredado de manera oral a través de banquetes o entre preservadores al trabajar en sus respectivos campos. En estos tiempos modernos, nosotros los «activistas de herencias» hemos adoptado la misión de preservar esta rica historia a través de la palabra escrita o incluso grabaciones de audio, ya que este conocimiento, al igual que las semillas, debe ser conservado y trasmitido.

El otoño pasado estuve en el sur de Indiana liderando un taller de cosechas en una biblioteca de semillas del condado Jefferson, en donde conocí gente increíble con la que intercambié en muchas ocasiones. Una vez finalizado el evento, comencé a charlar con una dama llamada Anne-Marie, quien vivía en un pueblo cercano a sólo 10 minutos en auto por un camino acompañado por el río Ohio. Durante nuestra conversación mencionó una variedad de pimiento que había cultivado en sus propios jardines, la cual trajo consigo de un viaje a Brasil que tomó en el 2007. Emocionado, le respondí que estaba interesado en cultivar su variedad, por lo que le compartí mi información personal para mantenernos en contacto.

Pasarían tres meses antes de que escuchara de Anne-Marie nuevamente. El 14 de enero, recibí un correo electrónico de su parte haciéndome saber que había terminado el procesamiento de su cosecha de otoño y que mi paquete estaba listo para ser enviado, el cual consistía de una variedad denominada Pimento Coumari. Nuevamente me encontraba

emocionado de que una amiga me enviara tan especial contenido, pero lo que me conmocionaba aún más era la historia que venía con dicho paquete.

Como mencioné anteriormente, Anne-Marie ha estado cultivando Pimento Coumari en su hogar de Indiana desde que el señor Pires, un colega de su padre, le regalara estas semillas cuando ella fue a Brasil, quien además las mantuvo por años creciendo en su balcón en la ciudad de Americana en Brasil. Además de eso, también compartió conmigo el cómo estos pimientos picantes no sólo tienen su propia historia en cuanto a su uso incluso en las áreas más remotas del país, sino que también son usados para darle vida a platillos tradicionales de arroz y frijoles. Si bien la conexión entre los pimientos, el pueblo de Anne-Marie y el Sr. Pires es algo insignificante, fue la primera vez que oía acerca de la ciudad brasileña de Americana.

Conocida como la Villa de los americanos, esta fue poblada originalmente en 1866 por estadounidenses confederados insatisfechos con el resultado de su guerra civil. Como ya mencioné, si bien la conexión entre esta ciudad y la variedad cultivada por el señor Pires y más adelante Anne-Marie es realmente una coincidencia, la Villa de los Americanos fue toda una novedad para mí. En efecto, ¡todo resultó una estupenda e inesperada lección de historia!

Hasta este momento me veo incapaz de encontrar información o siquiera referencias a esta variedad, pero si pude encontrar un listado de «Cumari do Para» en línea, aunque no creo que sean los mismos frutos. La de Anne-Marie se me ha descrito como: «Pequeño con tallos y venas foliares púrpuras, color del cual los pimientos cambian a rojo al madurar», mientras que el listado de «Cumari do Para» afirmaba que esta variedad produce unos muy picantes pimientos amarillos del tamaño de guisantes. Curiosamente, ambas variedades son oriundas de Brasil. Planeo cultivar más de estas privilegiadas semillas en una temporada venidera, ¡la búsqueda del pimiento de Anne-Marrie continúa!

Quiero compartir otra corta, pero interesante historia acerca de semillas proveniente de Indiana, aunque esta vez de la parte norte del estado. Había sido invitado al pequeño pueblo de Goshen para hablar con la comunidad con la esperanza de inspirar a la gente a organizar una biblioteca de semillas. Para incrementar el interés al respecto también patrocinamos un pequeño trueque de semillas durante mi tiempo ahí ya que este tipo de eventos tiende a llamar la atención. Una de las muchas

personas que conocí ese día fue una señora llamada Carla Yoder, una preservadora de semillas activa que había asistido al evento para aprender más acerca de lo que se podía hacer para ayudar a establecer dicha biblioteca en el pueblo.

Trajo consigo algunas semillas para participar del trueque, de entre las cuales resaltaba mi interés un bello frijol blanco y rojo llamada Yooni de Ennie Bona (Yooni's Ennie Bona).

En realidad, esta no era la primera vez que encontraba un frijol tan hermoso con un nombre tan único e interesante, pero fue la historia tan particular detrás de esta variedad la que atrapó mi atención por completo. Con este frasco de frijoles vino un árbol genealógico dibujado, rastreando esta semilla a través de la familia hasta quien la nombró: Anna Miller, nacida en Ohio en 1904. Nunca había encontrado tanto detalle en un linaje familiar desde la perspectiva de la familia. El documento estaba lleno de nombres, fechas y lugares que ilustraban la conexión que tenía este frijol con la historia de la familia. Si hay algo que me demostró esta experiencia es que el éxito que la dedicación de Carla ha logrado, con su investigación y documentación exhaustiva para preservar esta historia. Todo esto es el perfecto ejemplo del importante trabajo que cada preservador de semillas acepta cuando deciden plantar, conservar y compartir.

Brócoli Púrpura de Germinado Prematuro (Early Purple Sprouting Broccoli)

Variedad inglesa que pasa por hibernación. Siendo una vez bastante popular a lo largo de Europa, de acuerdo a MM. Vilmorin-Andrieux en El Jardín de Vegetales de 1885, hay más de 40 formas de cultivarlos sólo en Inglaterra.
than forty different forms grown in England alone.

El brócoli es miembro de una especie de plantas que es, probablemente, uno de los cultivos más diversos que existen, en la que se incluyen repollos, coles rábano, berzas, coles de Bruselas y coliflores. La *Brassica oleracea* es comúnmente considerada bianual, pero algunas plantas de esta especie, en las que se incluye el brócoli, son anuales, produciendo semillas el primer año que son cultivadas.

El brócoli fue desarrollado por granjeros desde sus cultivos de coles a través de plantas que produjeron capullos comestibles. Se dieron cuenta de que, si los dejaban madurar, los cabezales del brócoli se convertían en tallos de flores y, eventualmente, en vainas de semillas. Mientras que estas plantas son todas auto-incompatibles, fácilmente pasarán por una polinización cruzada, por lo que se deben tomar medidas para evitarlo. Ya que muchas de estas plantas son bianuales, le permiten al agricultor disfrutar de una diversa selección en una temporada al plantar las semillas del año pasado, por lo que se debe tener en cuenta de que estas plantas, a pesar de ser no compatibles con su propia especie, pueden pasar por una polinización cruzada. Aunque muchos de los cultivos de B. *oleracea* pueden tener un gran número de necesidades, básicamente producen semillas de una forma y un proceso similar a través de pequeñas vainas llamadas silicuas, las cuales al madurar se secan y se vuelven ligeramente marrones.

Estas vainas deben ser recogidas con mucho cuidado ya que se rompen fácilmente y si esto pasa, se perderá todo su contenido. Una vez recolectadas, pueden ser sacudidas o trilladas, removiendo las semillas para ser aventadas o hacerlas pasar por mallas, desechando así sus residuos. Más detalles acerca de cómo trillar y aventar semillas secas pueden ser encontrados en la página 178.

Fotografía tomada por Baker Creek Heirloom Seed Company

CACAHUATE

Arachis hypogaea

Familia: Fabaceae

Método de polinización:
Pasa por una auto-polinización aunque ocasionalmente será polinizada por insectos.

Aislamiento:
15-800 m

SEMILLA SECA

ANUAL

Cacahuate Valenciano
(Argentine White Valencia Peanut)

Una rara variedad valenciana parte de la colección del señor Blane Bourgeois. Este asombroso cacahuate podría ser considerado el complemento perfecto a la variedad Rojo Tennessee (Tennessee Red) ya que tienen un sabor y tamaño muy similar.

Productos de esta legumbre parecen ser bastante comunes ya que se pueden encontrar en la mayoría de los hogares; mantequilla de maní, aceite y aperitivos por nombrar algunos, pero aun así no es común encontrar a alguien cultivándolo. Los cacahuates son fáciles de cultivar, necesitando alrededor de 120 días de un clima cálido y suelo ligeramente texturizado para desarrollarse.

Fueron domesticados por primera vez en Sudamérica, en la actual región de Perú y Argentina hace unos 7500 años para luego ser llevados a Asia e India por los españoles, llegando incluso a África por medio de comerciantes portugueses. Fue entonces que *Arachis hypogaea* hizo su camino desde África hasta Norteamérica.

Los cacahuates tienen flores perfectas y se auto-polinizan, aunque insectos ocasionalmente serán responsables de polinizaciones cruzadas entre dos variedades. No parece haber un consenso en cuanto a la gravedad y probabilidad de estos cruces, con algunas fuentes afirmando que el 35% de la polinización cruzada es posible en variedades que están siendo cultivadas dentro de una distancia de 800 metros entre una planta y otra, especialmente entre variedades antiguas cuyas flores tienden a tener un estigma que sobresale. En este caso, la solución más simple es cultivar una variedad por temporada.

Una vez que las perfectas flores amarillas sean fertilizadas, se soltarán y la planta formará un tipo de espiga que luego crecerá en la tierra de donde los cacahuates se desarrollarán. Luego, las plantas cambiarán a un color amarillo indicando su maduración de semillas, por lo que en este punto puedes simplemente jalarlas del suelo. En esta etapa, necesitan ser curadas en un ambiente seco sin exposición a la luz solar por dos o tres semanas. Lo mejor es dejarlos en sus cáscaras hasta que estés listo para plantarlos la temporada siguiente. Si los almacenas en un refrigerador o algún otro lugar cerca de los 1,7°C (35°F), pueden durar entre tres y cuatro años.

Fotografía tomada por Baker Creek Heirloom Seed Company

CALABAZA
DE VERANO E INVIERNO

Cucurbita spp.

Familia: Cucurbitaceae

Método de polinización:
Polinización a través de insectos

Aislamiento:
800 metros

SEMILLA HÚMEDA

A ANUAL

CALABAZA

Hay cinco especies domesticadas de calabaza que se cultivan de manera frecuente en jardines caseros y huertas, las cuales son incluidas en este registro, ya que, si bien cada uno posee diferencias, los métodos de cultivos, cosecha y procesamiento de semillas se mantienen iguales.

Estas cinco especies fueron domesticadas por primera vez tanto en México como más al sur en Sudamérica. Todas son monoicas, o sea, poseen tanto flores masculinas como femeninas en cada planta, son auto-compatibles y se polinizan a través de insectos. La polinización entre la misma especie no es una preocupación, aunque las diferentes variedades dentro de la misma especie se cruzarán una con la otra. Es importante saber qué especies estás cultivando cada temporada para evitar polinizaciones cruzadas. La polinización manual es una buena opción para aquellos que están cultivando múltiples variedades de la misma especie o en jardines donde el aislamiento con otros agricultores no sea posible. Las técnicas de polinización manual son descritas en mayor profundidad en la página 168.

Las semillas de calabaza pueden ser cosechadas de las frutas cuando estas hayan madurado por completo. Luego de recolectar las calabazas maduras, hay que dejarlas madurar por alrededor de cuatro semanas más, dándole tiempo a las semillas para que terminen de desarrollarse y luego ser recolectadas, limpiadas, secadas y dejadas de lado hasta el próximo año. El proceso de cosecha de semillas húmedas es descrito de manera más detallada en la página 174.

Para una información más detallada acerca de cada especie de calabaza, ver la página siguiente.

SALVANDO NUESTRAS SEMILLAS: La Práctica y Filosofía

Curcurbita pepo: Este es probablemente el tipo de calabaza más común y fue domesticado en México hace unos diez mil años atrás. Es bastante posible que todas las calabazas de verano sean miembros de la especie *C. pepo*, así como también algunas de invierno. Es importante recordar que al planear si cosechar semillas de calabazas de verano, estas particulares frutas necesitan ser apartadas para que se desarrollen y maduren más allá de lo que consideramos como listas para el mercado.

Curcurbita maxima: La que considero la segunda calabaza de jardín más popular. *C. maxima* fue la primera domesticada en Sudamérica, cultivada por el área ahora conocida como Perú alrededor del año 2000 a.C. También ha crecido en popularidad en Australia, donde ha sido cultivada desde 1788 e incluye una cantidad de variedades bien conocidas, en las que se incluyen: «Hubbard», «Buttercup», «Banana» y «Kabocha».

Curcurbita moschata: Se cree que esta especie fue domesticada y cultivada por primera vez en el área alrededor del sur de México aproximadamente por el año 4900 a.C. Esta especie incluye la popular calabaza butternut, la cual es probablemente mi especie favorita de cultivar, ya que, en mi opinión, el apetitoso e intenso sabor de la pulpa naranja es extremadamente satisfactorio y nutritivo.

Curcurbita argyrosperma: Esta especie también se cree que fue domesticada en el sur mejicano por el 3100 a.C. Las variedades de esta especie que son mejor conocidas en los jardines son los tipos cushaw o las calabazas de semillas plateadas. La ceremonia del Trueque de Semillas de los Apalaches en Kentucky (Appalachian Seed Swap) incluye el «corte de la calabaza cushaw», el cual es especial para mí ya que fue mi introducción a esta especie.

Cucurbita ficafolia: A menudo referida como la calabaza de hojas de higuera debido a la forma de estas, se estima que fue también domesticada en el área conocida como Perú y es disfrutada en todo el mundo debido a sus hojas comestibles, semillas y frutos. Algunas variedades de esta especie incluso contienen semillas negras.

Fotografía tomada por Baker Creek Heirloom Seed Company

CALABAZA

LAS HISTORIAS DE PRESERVADORES DE SEMILLAS

SARAH TOMAC
MICHIGAN, EE. UU.
DUEÑA DE
CALABAZAS TOMAC
(TOMAC PUMPKINS)

Visitar mi granja en el otoño es como un ataque a los sentidos por la cantidad de colores que hay. Soy la cuarta generación de agricultores en una granja de cultivos comerciales que se especializa en unas 200 variedades raras de calabazas. Los que visitan este lugar por primera vez siempre quedan asombrados por el color, el tamaño y los distintos tipos de calabazas que hay.

Por supuesto, las dudas más comunes son: «No sabía que existían tantos tipos diferentes» seguido por «¿cómo te involucraste en esto?»

Hay más de mil tipos diferentes y ese número sigue aumentando constantemente gracias al mestizaje, las mutaciones genéticas y aquellas adaptadas de manera local. Realmente vivo en un mundo increíble donde puedo cruzar calabazas manteniendo sus variedades puras.

¿Cómo comencé exactamente? Bueno, está en mi destino. Existe una foto mía a los dos años estando de pie junto a una pila de calabazas, comiendo una galleta (mi segunda cosa favorita que hacer) mientras mi madre ayuda a mi hermano mayor con sus muestras para la feria del condado, la cual ha tenido una calabaza como logo por mucho tiempo y es la feria en donde presumir tus variedades con tranquilidad. Esa fue la razón por la que se convirtió en lo mío. Cuando tuve edad suficiente para exhibir algo, las calabazas eran lo único que quería mostrar. No me importaba el proyecto de ganadería, la artesanía o incluso otros cultivos que llevaba a la feria cada año. Lo que importaba era la semana en la que podía faltar a la escuela para poder llevar mi calabaza. A medida que fui creciendo, aprendí cómo cultivar más para tener una mejor

SALVANDO NUESTRAS SEMILLAS: La Práctica y Filosofía

Fotografía tomada por Sarah Tomac, Tomac Pumpkins

selección y poder competir con las de mis hermanos. Como la única mujer, tenía que ganar, no ellos.

¿Qué haces con un montón de calabazas extras cuando tienes 10 años? Le preguntas a tus abuelos de forma muy dulce si es que puedes venderlos al costado del camino en su casa. Por supuesto que dijeron que si, ¿quién puede decirle que no a un niño tratando de ganar algo de dinero? No era nada del otro mundo, solo unas cuantas calabazas de campo sobre una carreta. Hasta que un año, cuando estábamos embalando paja, un auto se detuvo y nos preguntó el precio de un fajo. Luego de que el tercer auto paró en nuestra casa, mis padres decidieron organizar un lugar de ventas de paja más permanente en el jardín. Más adelante, en el otoño, con la carreta de calabazas y la de paja juntas, alguien se detuvo y observó el campo de maíz que estaba a un costado de la granja y nos preguntó si podía llevarse unos tallos para decorar su jardín junto con un farjo de paja y calabazas. Y bueno, actualmente vendemos paquetes de tallos de maíz, paja y calabazas.

La diversidad disponible de estas últimas no apareció de la nada. Luego de algunos años, añadimos calabazas de moscada y de bellotas debido a la demanda. Tuvimos un par de tipos diferentes de la especie común en oferta y luego nos encontrábamos disfrutando de las pequeñas ganancias.

Posteriormente nació mi hermano pequeño de manera sorpresiva y recibió el libro de cartón «El Huerto de Calabazas de Paddy» ("Paddy's Pumpkin Patch"), en el cual este cocinaba con nada más que con estas frutas. Al leer sobre hamburguesas, papas fritas, pasteles y helados hechos con ellas, comencé a preguntarme cuantas formas había para consumirlas. Por esos tiempos, también tuve la oportunidad de viajar a Australia, donde aprendí a disfrutar nuevos tipos. Le envié algunas semillas a mi madre con las instrucciones de que las plantara y consumiera. Ella estaba indecisa al principio, pero pronto descubrió lo deliciosa que era a pesar del clima nublado que había.

Las calabazas extras fueron agregadas a los tipos en venta y ese fue el comienzo del viaje. Hace 13 años, o incluso hace 20, no existía mucha variedad en cuanto a tipos, por lo que nos vimos forzados a improvisar y a almacenar nuestras propias semillas.

Estas variedades se fueron expandiendo y han sido un éxito en los últimos años desde que me mudé. Tal vez fue debido a mi necesidad de algo diferente y nuevo en el mundo de las calabazas o a que mi

SALVANDO NUESTRAS SEMILLAS: La Práctica y Filosofía

hermano es amigo de alguien que viaja por el mundo coleccionando semillas. Tal vez es porque fuimos pioneros en el tema mucho antes que cualquier otro. Nuestros vecinos siempre nos decían que estábamos por delante de las tendencias, así que lo aceptamos como parte de nosotros.

De todas maneras, yo soy quién tiene que polinizar las flores de manera manual para mantener las variedades puras vivas y sanas. Tengo algunas semillas bastante raras y difíciles de encontrar en la granja. Plantar una o dos semillas de calabazas en un lugar desconocido y no saber al respecto puede ser bastante emocionantes a ratos. Todo el verano, espero de manera impaciente esa primera hoja, las flores, los frutos y la cosechas. Estas frutas son el superalimento más antiguo del mundo y proveen al consumidos una gran porción de sus necesidades nutricionales diarias. Están llenas de omegas y de elementos que combaten el cáncer, el envejecimiento y mejoran el sistema inmunológico.

Mi visita al mercado agrícola no está completa sin la pregunta de parte de un futuro amante de las calabazas: «¿Cuál es tu favorita?» Siempre necesito más información antes de responder. ¡No puedo sólo elegir un tipo cuando hay tantas de dónde elegir! ¿Quiero alguna que sea sabrosa, dulce, tierna, seca? ¿Cómo será cocinada? ¿Será asada, tostada, freída? ¿Será usada para sopa, como comida de domingo, como ensalada, acompañada por arroz o pasta? ¿Qué beberemos para acompañarla? ¿Es para el desayuno, almuerzo, cena o como aperitivo? ¡Con tantas preguntas, parezco un catador de vinos!

Pero en realidad, si tengo mis preferidas que consumo de manera consistente. Podría decirse de que son mis favoritas, y cada año agrego más a la lista. Ahora mismo elegiría las siguientes: Bliss, Kent, Moranga, Queensland Blue, Greet Sweet Red, Honeynut, Black Futsu, y Camillo (por sus semillas). ¡Todo esto dependiendo de la comida, por supuesto!

Fotografía tomada por Baker Creek Heirloom Seed Company

CAUPÍ

Vigna unguiculata

Familia: Fabaceae

Método de polinización: Pasa por una auto-polinización aunque ocasionalmente será polinizada por insectos

Aislamiento: 3-6 m

SEMILLA SECA

A ANUAL

Caupí Negro
(Black Crowder)

Se dice que este frijol, además de ser rico en almidón, tiene un mejor sabor y es el más abundante y resistente a la sequía que hay. Los frijoles tienen un color púrpura intenso al momento de desgranarlo que luego se vuelve negro al secarse. Introducido en 1907, esta legumbre es muy usada en la cocina sureña, pero su origen puede ser rastreado hasta el continente africano.

Se cree que *Vigna unguiculata* cruzó el océano atlántico en el siglo XVII al ser transportado por españoles, terminado en Estados Unidos un siglo después a través de esclavos africanos.

Una de las variedades más conocidas es la «ojo negro» (Black eyed pea), una semilla blanca hueso con un marcado negro en el hilio, pero existe una multitud de cultivos con distintos colores incluyendo rojo, marrón, púrpura y color crema. Mientras que los caupís son generalmente cultivados por su madura semilla seca, en Asia lo hacen por sus largas y delicadas vainas, las cuales son conocidas como frijoles de patio (yard long beans).

No obstante, si planeas cultivar estos «guisantes» por su semilla seca o su consumo fresco, la cosecha se maneja como cualquier otro tipo de frijol. Para más información acerca de cómo cosechar, cultivar y aventar semillas secas, visitar la página 178.

LAS HISTORIAS DE PRESERVADORES DE SEMILLAS

ANGIE LAVEZZO
**CAROLINA DEL NORTE, EE. UU.
GERENTE DE SEMBRADO
DE SEMILLAS AUTÉNTICAS
(SOW TRUE SEEDS)**

Todos aman la historia de un perdedor. El arquetipo de este apela a nuestra humanidad colectiva, a la creencia de que todos somos naturalmente buenos y amables, tratando de hacer lo mejor que podemos en esta enorme bola que orbita al sol. Creo que es por esto que me convertí en un preservador de semillas, un encargado de variedades ancestrales que temía que se perdieran y olvidaran. Las semillas son las perdedoras, llenas de misterio y fragilidad, y si tuviera que nominar a la que se llevaría el premio sería el caupí, el cual adoro.

Tenía 20 cuando sembré mi primer cultivo y debo admitirlo, no tenía idea de lo que estaba haciendo. Planté la variedad de Ojo Rosado de Cáscara Púrpura a finales de marzo pensando que saldría un frijol inglés de aspecto gracioso. En esos tiempos vivía en Virginia del Norte, el cual probó tener tan buen clima que recibí una abundante cosecha de lo que era claramente un guisante para nada tradicional. Le eché un ojo a un libro de agricultura y ahí lo encontré, *Vigna unguiculata*, y de esta forma nació un amorío con el incomprendido caupí.

Su larga historia como alimento para animales se ha encargado de alejar a esta legumbre del estrellato culinario, y aunque reciba todo tipo de miradas, debo admitir que es mi favorito. Incluso después de mudarme a Carolina del Norte, en donde el caupí es un ingrediente común en los platillos locales, mi amor va por la curiosidad en la cocina sureña. ¿Qué tiene el caupí que inspira tanta indiferencia, por qué es ignorado por una buena parte de los jardineros y por qué se desprecia el frijol sureño?

Bueno, no hay de qué preocuparse, tanto el amor como el entusiasmo que tengo por esta legumbre bastará para hacer que quieras crecer tu

propio cultivo. Como cualquier conocedor de semillas autóctonas, la legumbre más popular, la *Phaseolus vulgaris*, tiene a gente dedicada a encontrar y preservar su vasta diversidad genética. Esta es una divertida y casi infinita cacería debido a la cantidad de germoplasma que está esperando ser redescubierta y salvada. Mientras que la *Phaseolus vulgaris* tiene más cultivos que la *Vigna unguiculata*, aún hay cientos de variedades esperando ser encontradas. El anuario de las Redes de Intercambio de Semillas (SSE) del año 2019 lista unas 154 variedades diferentes clasificadas de acuerdo a sus colores, formas, tamaños, sabores y texturas.

Entonces, ¿por qué cultivar caupís? ¿Por qué no otros frijoles? Esa es la mejor parte: ¡Los caupís son sencillos! Son fáciles de cosechar, pelar e incluso de cocinar. Se ríen en la cara del calor de verano y luego de florecer, rara vez necesita de riego. Mientras que otros frijoles se marchitan en el sol o luchan por sobrevivir a escarabajos, mis caupís se mantienen sin problemas, perfecto para un planeta en el que la temperatura solo asciende. Mientras que me veo frustrado al tener que pelar y buscar entre las vides por otras variedades, las vainas de los caupís resaltan por sobre su follaje permitiéndome apretarlos suavemente para que la legumbre salga sin complicación alguna. Su pequeño tamaño hace que se cocinen más rápido sus primos, produciendo una comida 25 % más rica en proteínas. ¿Qué es lo que vas a hacer luego de leer mi oda a *Vigna unguiculata*? ¡Ir a cocinar algunos caupís, claramente!

Prueba esta sencilla receta:

Deja remojando una taza y media de caupís toda una noche.

Sofríe al menos una cebolla grande y unos dientes de ajo en una olla.

Agrega los frijoles remojados, tres tazas y media de agua, dos de tomates picados (enlatados también sirven), una cucharada y media de sal, comino, paprika, una cucharada de jengibre y pimienta al gusto.

Cocínalo por alrededor de una hora y media hasta que los frijoles estén suaves, agregando agua si es necesario para conservar la consistencia.

Agrega un puñado de cilantro fresco (si quieres) al final para posteriormente servirlo con arroz.

Esta es mi forma favorita de consumir caupís, ya que es económica, extremadamente satisfactoria y excelente para tu cuerpo y alma, además de ser flexible; ¡puedes agregarle lo que quieras! Los tomates son claves ya que estos se filtrarán en el arroz, balanceando la textura de los caupís y dándoles un sabor increíble.

¿Qué harás luego de consumir la mejor comida de tu vida? Bueno, espero que vayas a la búsqueda de algunas variedades interesantes para agregar a tu colección en tu jardín. Usan una o dos filas y sus semillas son fáciles de almacenar. Necesitamos tomar esto en serio ya que se ha perdido mucha diversidad genética en el último siglo. Nuestras semillas son nuestra historia y son merecedoras de nuestra lealtad, especialmente las perdedoras.

Fotografía tomada por Baker Creek Heirloom Seed Company

COL RÁBANO

Brassica oleracea

Familia: Brassicaceae

Método de polinización: Polinizada a través de insectos

Aislamiento: 800 metros

SEMILLA SECA

BIANUAL

HIBERNACIÓN REQUERIDA, VER PÁGINA 180

Col Rábano Temprana de Viena
(Early Purple Vienna Kohlrabi)

También conocida como Di Vienna Violetto, se cree que esta hermosa col proviene de Austria y data desde antes del 1860.

COL RÁBANO

Así como el brócoli, la acelga y las coles de Bruselas, entre otros, la col rábano no sólo es uno de los miembros de *Brassica oleracea*, también es bianual y pasará por una hibernación para poder florecer y producir semillas.

Siempre me ha encantado la apariencia de este vegetal. Si bien el tallo de algunas variedades es verde y de otras es púrpura, en lo personal, una col rábano recién cosechada se asemeja a algún tipo de nave alienígena; ¡realmente es una variación inusual de una de las especies de cultivos de alimentos más diversas que existe!

Mientras que estas plantas son todas auto-incompatibles, fácilmente pasarán por una polinización cruzada, por lo que se deben tomar medidas para evitarlo. Ya que muchas de estas plantas son bianuales, le permiten al agricultor disfrutar de una diversa selección en una temporada al plantar las semillas del año pasado, por lo que se debe tener en cuenta de que estas plantas, a pesar de ser no compatibles con su propia especie, pueden pasar por una polinización cruzada. Aunque muchos de los cultivos de *B. oleracea* pueden tener un gran número de necesidades, básicamente producen semillas de una forma y un proceso similar a través de pequeñas vainas llamadas silicuas, las cuales al madurar se secan y se vuelven ligeramente marrones.

Estas vainas deben ser recogidas con mucho cuidado ya que se rompen fácilmente y si esto pasa, se perderá todo su contenido. Una vez recolectadas, pueden ser sacudidas o trilladas, removiendo las semillas para ser aventadas o hacerlas pasar por mallas, desechando así sus residuos. Más detalles acerca de cómo trillar y aventar semillas secas pueden ser encontrados en la página 178.

Fotografía tomada por Baker Creek Heirloom Seed Company

COLES DE BRUSELAS

Brassica oleracea

Familia: Brassicaceae

Método de polinización:
Polinizada a través de insectos

Aislamiento:
800 metros

SEMILLA SECA

B
BIANUAL

HIBERNACIÓN REQUERIDA, VER PÁGINA 180

COLES DE BRUSELAS

Las coles de Bruselas, además de ser bianuales y requerir hibernación, son miembros de la especie *Brassica oleracea*, uno de los cultivos más diversos que existen de donde destacan brócolis, repollos, coles rábano, berzas y coliflores.

Provenientes de un pueblo homónimo en Bélgica, se cree que las coles de Bruselas se desarrollaron del repollo, produciendo unas hojas ahuecadas en un prominente tallo central, además de poseer unos brotes que son mucho más dulces luego de ser expuestos a una helada ligera.

Como se mencionó anteriormente, estas coles son bianuales, permitiéndole al agricultor disfrutar de una diversa selección en una temporada al plantar las semillas del año pasado y, además, son más propensas a pasar por una polinización cruzada, por lo que se deben tomar medidas para evitarlo. Aunque muchos de los cultivos de *B. oleracea* pueden tener un gran número de necesidades, básicamente producen semillas de una forma y un proceso similar a través de pequeñas vainas llamadas silicuas, las cuales al madurar se secan y se vuelven ligeramente marrones.

Estas vainas deben ser recogidas con mucho cuidado ya que se rompen fácilmente y si esto pasa, se perderá todo su contenido. Una vez recolectadas, pueden ser sacudidas o trilladas, removiendo las semillas para ser aventadas o hacerlas pasar por mallas, desechando así sus residuos. Más detalles acerca de cómo trillar y aventar semillas secas pueden ser encontrados en la página 178.

Hola Dalia

Por Bevin Cohen

• • • • • • • • • • • • • • • • •

Nuestra pequeña granja y hacienda, la cual con mucho cariño decidimos nombrar Granja Casa Pequeña (Small House Farm), está ubicada entre diversos bosques en un camino de tierra sin salida y poco transitado. A pesar de que este nombre hace que los visitantes asuman que vivimos en una casa rodante diminuta con apenas el espacio suficiente para acomodar a dos adultos, dos niños en crecimiento y una selección de gatos, les aseguro que la realidad es otra. Vivimos, en efecto, en una casa de tamaño regular con espacio más que suficiente para acomodar a todos... la mayoría del tiempo. Nuestros hijos siguen creciendo, sin embargo, nuestro hogar se mantiene igual, ¡así que veremos cómo resulta todo en el futuro!

Mientras que Granja Casa Pequeña se mantiene aislada de cierta forma del resto del país, tanto al este como al oeste podemos encontrar pueblos a unos 20 minutos de distancia en auto, y aunque están a una hora más o menos una de la otra, ¡no podrían ser más diferentes! Al oeste podemos encontrar una ciudad universitaria, un lugar activo y algo emocionante de visitar en época de clases y bastante relajada durante los meses de verano. Si decidimos irnos al este, nos encontraremos en una ciudad con valores muchos más conservadores, pero con una mayor cantidad de dinero para gastar en parques y proyectos con la intención de promover la calidad de vida de los habitantes y a la vez destacar esta ciudad de las muchas otras que se encuentran esparcidas a lo largo de la parte central del estado. Aquí podemos encontrar galerías de arte y cafeterías casi en cada esquina, además de amplios jardines comunitarios, los cuales marcan el escenario y ambiente de la historia que quiero compartirles: Un lugar conocido como Colina Dalia (Dahlia Hill).

Como el nombre lo indica, este hermoso jardín se encuentra ubicado en una montaña, ¡la cual se cree que es la única producida de forma natural en toda la ciudad! Cuenta la leyenda de que la Colina Dalia llegó a existir gracias al maestro y artista Charles Breed, quien se mudó junto con su esposa Ester a la ciudad en 1950. 16 años después, Ester recibió un regalo que consistía en tubérculos de dalia para el día de las madres, cosa que obsesionó a Charles con estas bellas y únicas flores.

Durante los siguientes 25 años, ¡la colección de Charles acumuló unos 1700 tubérculos!

En 1992, Charles comenzó a plantar sus propios tubérculos de dalia en esta colina, nombrando a su jardín Colina Dalia. Seis años después, en 1998, se formó e incorporó la Sociedad de la Colina Hill (Dahlia Hill Society) como una organización sin fines de lucro, la cual administra este espacio hasta el día de hoy. En la actualidad, alrededor de 3000 tubérculos de más de 250 variedades distintas de dalia son plantados, lo que en sí es una colorida e impresionante vista para disfrutar en un cálido día soleado mientras uno pasea por el lugar.

La Sociedad de la Colina Dalia organiza un evento para recaudar fondos cada primavera, en el cual se invita a la comunidad a visitar y comprar algunos tubérculos de esta amplia colección, trayendo esta belleza a cada hogar. Las variedades son como nada que había visto antes, por lo que una primavera decidí viajar a la ciudad y tomar esta gran oportunidad.

Mientras que la mayoría de los clientes tenían la misión de encontrar tubérculos que produjeran flores con formas y colores excepcionales, yo estaba en una misión algo diferente. Buscaba comida, ya que la dalia, además de ser nativa de México, tiene una gran historia de uso culinario. Es creído que los aztecas usaban estos tubérculos con forma de papas como alimento, por lo que la dalia se considera hasta el día de hoy uno de los ingredientes nativos en la cocina de Oaxaca.

Aunque cada variedad a la venta ese día tenía una fotografía a color mostrando la bella flor encima de una bolsa de papel, me interesaban más los propios tubérculos. Ya que muchas dalias han sido criadas por su belleza, pareciera que los tubérculos se han hecho cada vez más pequeños.

Si iba a encontrar una variedad que sería útil como alimento, ¡necesitaba una dalia con un tubérculo de tamaño considerable! Al no poder encontrar una, decidí preguntarle al encargado del jardín que estaba de turno aquel día. Esperé en una fila por un tiempo considerable, viendo como muchos agricultores emocionados compraban sus nuevos tesoros, preguntaban sus dudas o consultaban acerca de puntas crecientes. Cuando llegó mi turno de acercarme a la mesa, simplemente le pregunté al encargado qué variedad de dalia recomendaría para su consumo, la cual, para mi decepción, fue respondida con una mirada vacía y un corto: «Um, no... no lo sé.»

Resulta que nadie en la historia del evento había buscado qué variedades eran las mejores para consumir, así que pensé que mi pregunta permanecería sin respuesta. Pero el hombre de la mesa no se iba a dar por vencido tan fácilmente, por lo que ambos decidimos buscar entre las bolsas de papel marrones por el tubérculo más grande que tenía. Supusimos que el tamaño era un factor importante y que ese debía ser el punto de inicio de nuestra aventura. Fuimos capaces de encontrar un par de opciones decentes a un precio muy razonable (¡incluso agregó un par más de forma gratuita!), así que después de esto decidí marcharme a casa como un hombre feliz.

El viaje a casa en auto me dio tiempo para contemplar algunas cosas, entre ellas las flores, su belleza, la cocina de Oaxaca y, más importante, la seguridad alimentaria. Al principio me parecía extraño que el encargado de una de las colecciones más extensas de dalias que había visto no tuviera idea de su historial como fuente de alimentos, pero pensándolo bien, ¿por qué lo haría? Aun si pasó muchas temporadas plantando, atendiendo y eventualmente cosechando esas dalias, al final del día su cena seguramente proviene de supermercados o tal vez un restaurante local. La mayoría de la gente hoy en día está muy desconectada de sus alimentos y lo más probable es que no tengan idea de donde se originan los ingredientes más básicos de sus comidas. ¿Cómo es posible esperar que este jardinero supiera como usar estos tubérculos aztecas ancestrales que pasa sus veranos asistiendo? No pude evitar preguntarme si aquellos que asisten al comedor público local saben que tienen a sólo unas manzanas de distancia una colina llena de un alimento potencialmente delicioso y ciertamente nutritivo creciendo a la vuelta de la esquina de donde pasan sus tardes, pero este jardín existía por su belleza, no por sus alimentos. Este jardín era un lugar para que la gente como yo, aquellos que no se preocupan cada día de donde vendrá su próxima comida, aquellos que pasean y disfrutan de las flores en una cálida y soleada tarde de verano.

Mientras plantaba mis recién adquiridos tubérculos en la tierra de mi granja, me tomé un momento para agradecer la abundancia que la madre Tierra compartía conmigo. El darme cuenta y entender la historia y relatos detrás de mis alimentos es una bendición que no todos los que ensucian sus manos con la tierra de los campos pueden comprender, por lo que es importante que compartamos lo que sabemos y cómo nos sentimos en relación a nuestros alimentos, nuestro mundo y tal vez, algún día, todos seremos capaces de compartir una deliciosa comida de tubérculos de dalia juntos... en nuestro comedor público local.

Fotografía tomada por Baker Creek Heirloom Seed Company

COLIFLOR

Brassica oleracea

Familia: Brassicaceae

Método de polinización:
Polinizada a través de insectos

Aislamiento:
800 metros

SEMILLA SECA

B BIANUAL

HIBERNACIÓN REQUERIDA, VER PÁGINA 180

COLIFLOR

Miembro de la especie *Brassica oleracea*, la coliflor, además de ser bianual y de requerir hibernación, se cree que se ha desarrollado del brócoli a lo largo del tiempo.

Las partes comestibles de su cabeza, también llamadas masas o pellas, las cuales son producidas a través de un proceso denominado blanqueamiento, son en realidad flores sin desarrollar y tienen un gran rango de colores, incluyendo el naranja, púrpura, verde claro y el más común, blanco. Mientras que estas plantas son todas auto-incompatibles, fácilmente pasarán por una polinización cruzada, por lo que se deben tomar medidas para evitarlo.

Ya que muchas de estas plantas son bianuales, le permiten al agricultor disfrutar de una diversa selección en una temporada al plantar las semillas del año pasado, por lo que se debe tener en cuenta de que estas plantas, a pesar de ser no compatibles con su propia especie, pueden pasar por una polinización cruzada. Aunque muchos de los cultivos de *B. oleracea* pueden tener un gran número de necesidades, básicamente producen semillas de una forma y un proceso similar a través de pequeñas vainas llamadas silicuas, las cuales al madurar se secan y se vuelven ligeramente marrones.

Estas vainas deben ser recogidas con mucho cuidado ya que se rompen fácilmente y si esto pasa, se perderá todo su contenido. Una vez recolectadas, pueden ser sacudidas o trilladas, removiendo las semillas para ser aventadas o hacerlas pasar por mallas, desechando así sus residuos. Más detalles acerca de cómo trillar y aventar semillas secas pueden ser encontrados en la página 178.

Fotografía tomada por Baker Creek Heirloom Seed Company

COLZA O COL FORRAJERA

Brassica napus

Familia: Brassicaceae

Método de polinización: Polinizada a través de insectos

Aislamiento: 800 metros

SEMILLA SECA

B BIANUAL

HIBERNACIÓN REQUERIDA, VER PÁGINA 180

Colza Roja y Colza Escarlata

Una variedad autóctona originaria de Siberia pero traída a Canadá por comerciantes rusos, estas bellas plantas presumen de su suave sabor y hojas de roble.

COLZA O COL FORRAJERA

Una de las variedades más conocida de esta especie es la «Rusa Roja», la que es tan resistente al frío que puede sobrevivir los inviernos más brutales. Mientras que *Brassica napuses* la misma especie que el colinabo y comparten la misma forma de producción de semillas, se clasifica como una especie distinta a otras variedades de coles rizadas como la «Enana Azul» o la «Lacinato», miembros de *B. oleraceae*. Estas especies no son compatibles, por las que no hay razón de preocuparse por una polinización cruzada.

La historia exacta de las colzas no es muy clara. Se cree que se cultivaron por primera vez en Suecia alrededor del 1400, y a diferencia de sus primos en la familia Brassicaceae, son auto-compatibles, por lo que pueden ser cultivadas en pequeñas cantidades y aun así producir una buena cantidad de semillas para el agricultor. Estas plantas son bianuales y necesitan ser vernalizadas antes de que puedan producir semillas. Para más información acerca de la como hibernar tus plantas de jardín, visitar la página 180.

Al año siguiente, cuando estas granen, las silicuas (vainas de semillas) se secarán y pondrán marrones para indicar que están listas para ser cosechadas. Cosechar y procesar semillas de coles es simple, pero se deben tomar precauciones para evitar que las vainas se rompan al recolectarlas. Una vez que hayan sido trilladas de manera apropiada, las semillas cosechadas pueden ser aventadas o filtradas para remover sus desechos. Para saber más acerca de cómo trillar y aventar semillas secas, ver la página 178.

Es importante tomar en cuenta de que las colzas comparten la misma especie con la canola, por lo que una polinización cruzada entre ambas es una posibilidad. Dado que esta planta se poliniza a través de insectos, se recomienda una distancia de aislamiento de unos 800 metros.

SALVANDO NUESTRAS SEMILLAS: La Práctica y Filosofía

Fotografía tomada por Baker Creek Heirloom Seed Company

CRESPA, COL

Brassica oleracea

Familia: Brassicaceae

Método de polinización: Polinizada a través de insectos

Aislamiento: 800 metros

SEMILLA SECA

B — Bianual

HIBERNACIÓN REQUERIDA, VER PÁGINA 180

CRESPA, COL

Así como el brócoli, la acelga y las coles de Bruselas, entre otros, la col crespa no sólo es uno de los miembros de *Brassica oleracea* y una de sus formas domesticadas más antiguas, también es bianual y pasará por una hibernación para poder florecer y producir semillas. Para más información sobre este proceso, visitar la página 180.

Hay una buena cantidad de diversidad en cuanto a las variedades de este cultivo, las que van desde verdes claras a púrpuras oscuras, con distintos tipos de hojas. La col crespa rusa es realidad miembro de la especie *Brassica napus*, por lo que no se cruzará con otras variedades de coles crespas de *B. oleracea*.

Mientras que estas plantas son todas auto-incompatibles, fácilmente pasarán por una polinización cruzada, por lo que se deben tomar medidas para evitarlo. Ya que muchas de estas plantas son bianuales, le permiten al agricultor disfrutar de una diversa selección en una temporada al plantar las semillas del año pasado, por lo que se debe tener en cuenta de que estas plantas, a pesar de ser no compatibles con su propia especie, pueden pasar por una polinización cruzada. Aunque muchos de los cultivos de *B. oleracea* pueden tener un gran número de necesidades, básicamente producen semillas de una forma y un proceso similar a través de pequeñas vainas llamadas silicuas, las cuales al madurar se secan y se vuelven ligeramente marrones.

Estas vainas deben ser recogidas con mucho cuidado ya que se rompen fácilmente y si esto pasa, se perderá todo su contenido. Una vez recolectadas, pueden ser sacudidas o trilladas, removiendo las semillas para ser aventadas o hacerlas pasar por mallas, desechando así sus residuos. Más detalles acerca de cómo trillar y aventar semillas secas pueden ser encontrados en la página 178.

Fotografía tomada por Baker Creek Heirloom Seed Company

ESPINACA

Spinacia oleracea

Familia: Amaranthaceae

Método de polinización: Polinizada a través del viento

Aislamiento: 1.6-3.2 km

SEMILLA SECA

A ANUAL

Espinaca Grande de Bloomsdale
(Bloomsdale Long Standing Spinach)

La familia Landreth introdujo esta variedad en 1826 e inmediatamente se convirtió en un éxito y clásico. Conocida por su asombrosa habilidad de aguantar cambios de temperaturas, resultó la ganadora del premio AAS en 1937.

¡La espinaca es un cultivo que siempre causa alegría a nuestros hijos cada primavera ya que realmente lo adoran! No la quieren cocinada o de una lata como Popeye, les gusta fresca y siempre quedan queriendo más.

Spinacia oleracea es sencilla de cultivar y, con un poco de comprensión, de cosechar. El primer desafío a afrontar es el impulso de desenterrar las plantas cuando llega un clima más cálido. Es importante mantener una población numerosa para asegurar un buen conjunto ya que estas plantas son dioicas, lo que significa de que tanto las flores masculinas como las femeninas se encuentran separadas. Al ser polinizada por el viento, la posibilidad de que haya una polinización cruzada con otra variedad es alta, por lo que lo más simple es limitarse a plantar una variedad por temporada para asegurar su pureza varietal. Debido a que la mayoría de la gente desentierra sus plantas cuando estas florecen, es poco probable que tus vecinos estén cultivando sus propias espinacas, pero siempre es una buena idea averiguar si lo hacen. Si una polinización cruzada es motivo de preocupación, se recomienda aislar tus plantas ya que el polen es muy pequeño para que las mallas protectoras o el embolsarlas sea efectivo.

Una vez secas, los tallos cargados de semillas de plantas femeninas pueden ser limpiados a mano o azotados en un balde para luego ser aventadas. Para más información acerca de este último proceso, visitar la página 178. Si estas cosechando tus espinacas a mano y cultivando una variedad con semillas espinosas, asegúrate de usar guantes.

ESPINACA

Jardines Históricos Congelados en el Tiempo

Por Bevin Cohen

• • • • • • • • • • • • • • • • • • •

Mi primera experiencia con un jardín histórico probablemente fue en el Centro Natural de Chippewa (CNC), una reserva natural ubicada a las afueras de Midland, Michigan. En el CNC tienen una cabaña familiar histórica que incluye una escuela, un granero, una bodega y espacios usados como jardines. Es un bello lugar que destaca como era la vida de la gente que vivía en el área por el año 1870. Si has leído mi libro Según Nuestras Semillas y sus Preservadores (*From Our Seeds & Their Keepers*), entonces estás familiarizado con la ubicación de la historia de cuando conocí a un cuidador de jardines que compartió conmigo sus semillas de frijoles privadas. Mi familia solía visitar esta histórica granja casi cada semana y yo estaba fascinado con la antigüedad de todo lo que había ahí y en especial, con la historia detrás de ese jardín. Además, fue en ese lugar donde aprendí de vegetales autóctonos, técnicas de jardinería tradicionales y la importancia de la preservación de semillas. Este jardín histórico fue un lugar mágico para mí, una instantánea de un momento en el tiempo que es preservado para que sea disfrutado por todos. Los cuidadores trabajan muy duro para asegurarse de que todo lo que se cultive sea lo más cercano posible a como era hace casi 150 años atrás.

A lo largo de estos últimos años, he tenido la oportunidad de visitar una variedad de jardines históricos, además de conversar por horas con los encargados de los que aún no tengo el privilegio de visitar. Mi trabajo con semillas de familia y heredadas me ha ayudado a entender la importancia que tienen estos sitios históricos y la atención al detalle que los encargados ponen en su trabajo. Cuando una persona visita estos lugares, es casi como si fueras transportado a otra época con frutas, vegetales y flores que ofrecen colores y sabores que simplemente no se encuentran en los supermercados de hoy. Cada jardín es como una fotografía que captura el momento perfecto que será repetido una y otra vez para el deleite del afortunado visitante.

Sé que mis jardines nunca van a ser así, ya que los míos están en un constante estado de cambio y flujo que no se limita a las temporadas.

La batalla contra las malezas nunca se detiene y las vides continúan expandiéndose hasta que están en un lugar completamente distinto a donde fueron plantadas, lo que es normal, siendo esto una prueba del cambio por el que pasan los jardines. Con esto me refiero al flujo anual, y mientras que a veces planto las mismas variedades cada año, estoy trabajando duro para adaptarme a este micro clima en particular y en mi propio estilo de jardinería. Todo esto lo logré gracias a la preservación de semillas. Al hacer esto, podemos decir que en esencia nos convertimos en fitomejoradores. Al seleccionar las mejores técnicas o plantas y cosechar semillas de estas, un cultivador puede adaptar sus variedades con el paso del tiempo para que se desempeñen de mejor manera, produciendo más y siendo más resistente a enfermedades.

La práctica de almacenar semillas propias ha crecido en popularidad en los últimos años. Muchos jardineros están descubriendo lo importante de este trabajo y tomándose el tiempo para aprender estas técnicas, además de disfrutar de sus beneficios. Hace sólo unas generaciones, casi todos aquellos que cultivaban sus alimentos entendían la importancia de este acto. Bastaba con sólo mirar para que un jardinero pudiera saber que las plantas cultivadas de semillas propias se desempeñan mejor que cualquier semilla comercial, ya que estas no están adaptadas a tu tierra o clima y los frutos producidos no serán tan sabrosos o nutritivos como los hogareños.

He conocido a agricultores que han heredado semillas autóctonas o de familia por más de 100 años, y cada uno de ellos te dirá que su variedad es mil veces superior que cualquiera disponible en el mercado. Mientras que parte de esta opinión puede ser meramente sentimental, hay algo de verdad en esto. Cada temporada seleccionan aquellos cultivos que se desempeñan de mejor manera, así como también aquellos más deliciosos. ¡Cualquiera de nosotros puede hacer esto en nuestros propios jardines! Preservar semillas, además de ser algo que se ha hecho desde que comenzó la agricultura, es necesario para los jardines históricos que disfruto visitar cada año.

Cuando estos fueron establecidos, su propósito no era ser un destino turístico o educacional, sino que era servir en la producción de alimentos. Debido a esto, sabemos que los agricultores originales trabajaron de manera activa para adaptar y mejorar las variedades que cultivaban para asegurar una fuente abundante de productos que dure el resto del año, más allá de la época de crecimiento.

Al visitar estos jardines históricos, debemos disfrutar su belleza y

absorber cuanto conocimiento sea posible sin olvidar que lo que vemos en estos campos es una mera fracción de tiempo en las vidas de aquellos que se ocuparon originalmente de estos espacios. Estos jardineros y sus cultivos están en un constante estado de flujo, dependiendo uno del otro para adaptarse y evolucionar juntos; siempre en movimiento como la naturaleza misma, todo gracias a la técnica de preservar y compartir sus semillas.

Fotografía tomada por Sarah Tomac, Tomac Pumpkins

FRIJOL ADZUKI

El frijol Adzuki no es muy conocido en Norteamérica, pero sí tiene una larga y noble historia de cultivación en Asia. Es el frijol más usado para preparar la famosa pasta de frijoles en el oriente, la cual se endulza y usa como ingrediente en distintos postres debido a su consistencia.

Estos frijoles son menos cultivados que sus familiares, lo cual en mi opinión se debe precisamente a una falta de familiaridad, pero sí son fáciles de cultivar y simplemente deliciosos. También forman parte del mismo género que una variedad de cultivos de jardín, incluyendo al conocido frijol caupí, con el cual comparten una forma similar de procesamiento y cosecha. Se cree que *Vigna angularis* fue domesticado en Sudamérica hace más de 7,500 años, eventualmente abriéndose camino a Asia e India en el siglo XVI gracias a los españoles. Muchos cultivos presumen un bello color rojo oscuro y uniforme, pero hay una multitud de variedades disponibles en el mercado, incluyendo semillas blancas, negras y grises, así como también con diseños jaspeados.

Estos frijoles tienen una temporada de cultivo más extensa, con unos 120 días desde el plantado hasta la cosecha de semillas para su uso en seco, o bien para el plantado del jardín del próximo año. Asegúrate de permitirle a las vainas madurar en la planta hasta que se sequen, estén crujientes y de un color marrón. En este punto, estas pueden ser cosechadas, trilladas y aventadas usando las mismas técnicas usadas para procesar otros cultivos de frijoles. Para más información sobre esto visitar la página 178.

Fotografía tomada por Baker Creek Heirloom Seed Company

FRIJOL ANCHO

Phaseolus lunatus

Familia: Fabaceae

Método de polinización:
Pasa por una auto-polinización y una a través de insectos

Aislamiento:
60-150 m

SEMILLA SECA

A ANUAL

Frijo Ancho de Potawatomi

Este asombroso frijol ha sido cultivado por la nación de Potawatomi de Norteamérica desde finales del siglo XVI. Estas semillas se han distribuido masivamente gracias a los esfuerzos de Roger Gustafson, quien las obtuvo de la tribu Banda de la Pradera de la Nación de Potawatomi (Prairie Band of Potawatomi Nation) en Kansas.

Planas y con forma de luna, estas semillas son mucho más que los frijoles verdes que nos ofrecieron (y que probablemente rechazamos constantemente) cuando niños. Los colores de estas también varían y se incluyen algunas como el blanco, verde, negro, rojo e incluso algunas moteadas y jaspeadas con combinaciones de estos colores. *Phaseolus lunatus* tiene hábitos de crecimiento tanto de arbustos como de estacas, con las variedades de esta última llegando a alcanzar una altura de hasta tres metros. Estos frijoles pasan por temporadas largas, por lo que agricultores en climas del norte deberían considerar plantar por adelantado y trasplantarlas al jardín luego de que el suelo alcance una temperatura de 18°C (65°F).

Aunque este miembro de la familia Fabaceae se auto-poliniza, la estructura de su flor es muy susceptible a cruces a través de insectos. El embolsado de brotes es una opción para ayudar en evitar este problema y en las plantas de tipo arbusto esto puede ser un arreglo rápido, con las variedades de estacas solo podrás hacer esto con una pequeña cantidad que esté a tu alcance. Cada vaina contiene de tres a cuatro semillas, así que esta opción es realmente sólo para aquellos que deseen coleccionar una pequeña cantidad. La mejor solución que asegura una cosecha de semillas auténticas y autóctonas es limitarse a plantar solo una variedad por temporada. Es importante recalcar que estos frijoles se cosechan y procesan como semillas húmedas, además de que estos no se cruzarán con otras especies de *Phaseolus*.

Para más información sobre estos procesos visitar la página 178. Si decides pelarlos a mano, considera usar guantes ya que las puntas de las vainas pueden ser afiladas.

Fotografía tomada por Baker Creek Heirloom Seed Company

FRIJOL AYOCOTE

Phaseolus coccineus

Familia: Fabaceae

Método de polinización:
Polinizada a través de insectos y ocasionalmente de manera autógama

Aislamiento:
800 metros

SEMILLA SECA

A ANUAL

FRIJOL AYOCOTE

Creo que todos podemos estar de acuerdo en que estos frijoles son unos de los más bellos en un jardín, ¡así que deberías cultivar *Phaseolus coccineus* cuanto antes! La variedad más popular de esta especie es probablemente el «acoyote escarlata», el cual recibe su nombre por el color de sus flores, aunque existe una gran variedad de colores de estas, incluyendo diferentes tonos de blanco, rosa y rojo. Estas flores atraen insectos y colibríes, lo que me parece razón suficiente para cultivarlos.

No sólo estas plantas son bellas y abundantes, sino que también producen una gran cantidad de alimentos. Las semillas de estos frijoles son bastante grandes y pueden ser consumidas frescas o secadas para el invierno. Las vainas inmaduras también son comestibles cuando están desarrollándose y se dice que incluso las hojas lo son. La raíz llena de tubérculos en cambio no se debe consumir, ¡pero puede ser desenterrada e hibernada para la cosecha de la próxima temporada!

Los ayocotes son comúnmente polinizados por insectos y su rendimiento se verá afectado si sus brotes son embolsados. Por esto, es mejor aislar tus variedades o considerar cultivar una por temporada para evitar una polinización cruzada. Una vez que estén completamente secos y maduros, pueden ser trillados y aventados como cualquier otro cultivo de frijol, pero tienes que tener cuidado de no romper las semillas cuando sean procesadas. Para más información acerca de cómo cosechar y limpiar semillas secas, visitar la página 178.

Fotografía tomada por Baker Creek Heirloom Seed Company

FRIJOL COMÚN

Phaseolus vulgaris

Familia: Fabaceae

Método de polinización: Se auto-poliniza, aunque en ocasiones es polinizada a través de insectos dependiendo de la variedad

Aislamiento: 3-6 m

SEMILLA SECA

A — ANUAL

Frijol de Arbusto de Blue Lake

Desarrollado originalmente a principios del 1900 para ser envasado, obtienen su nombre por el área de Blue Lake cerca de Ukiah, California, de donde se originan. Para la década de los 20, se había desarrollado lejos de las variedades de forma sin cuerda para ser usado concentrándose en su fruto.

Es una de las especies en las que recolectar sus semillas es una tarea simple, además de ser popular entre todo tipo de jardines. La polinización cruzada entre sus variedades es bastante rara, mientras que la cosecha y el procesamiento de los frijoles secos es bastante sencillo. A pesar de disfrutar lo fácil que es cultivar y cosechar frijoles, la verdadera emoción del *Phaseolus vulgaris* se halla en la bella diversidad encontrada en sus semillas. El fitomejorador de Minnesota Robert Lobitz se ha referido al frijol común como «la joya de los pobres», y no puede estar más en lo cierto. El asombroso rango de colores y formas encontrado a través de estas especies es de todo menos algo común para mis ojos, con cada semilla como su propia obra de arte. Podría dedicar un volumen de libros completos a la historia, belleza y usos culinarios de los frijoles.

El hábito de crecimiento del frijol común varía de una variedad a la siguiente, algunos determinados por el tipo de arbustos, mientras que también podemos encontrar tipos indeterminados y otros semi-determinados. Estos últimos son los más utilizados en el método de sembrado denominado «las tres hermanas», ya que frijoles de variedades indeterminadas pueden sobrepasar e incluso derribar los tallos de maíz usados como apoyo.

Las semillas de frijoles son cosechadas y procesadas como secas luego de que las plantas mueren y las vainas se encuentran marrones y crujientes. Más información acerca de cómo trillar y aventar semillas secas en la página 178. Si hay probabilidad de lluvia o escarchas antes de que tus semillas estén listas para ser cosechadas, las vainas que comenzaron a ponerse amarillas deben ser tomadas de manera individual y dejadas sobre una malla para que se sequen, así como también se recomienda que las plantas enteras sean ser movidas y colgadas en un espacio oscuro y fresco con una buena corriente de aire para así continuar su secado.

LAS HISTORIAS DE PRESERVADORES DE SEMILLAS

RUSSELL CROW
ILLINOIS, EE. UU.
FUNDADOR DE LA PEQUEÑA Y SIMPLE CADENA DEL FRIJOL (THE LITTLE EASY BEAN NETWORK)

Cuando me detengo a pensar en los tiempos en los que me inicié en la recolección de frijoles de manera seria, me remonto hasta mi infancia. Tengo la creencia de que cada paso que das en tu camino, acompañado por el entorno y momento adecuados, te conduce a una de tus mejores experiencias de vida.

Crecí en lo que hoy se conoce como los suburbios de Chicago en Lisle, Illinois, el cual en la década de los 50 era básicamente un pueblo rural. Recuerdo los jardines de mi padre y sus frijoles ejotes Kentucky Wonder, además de muchas otras cosas que cultivaba. Un día le dije: «Papá, quiero un jardín propio», por lo que preparó un espacio de entre cinco y siete metros en el suelo, el que llené de rábanos. Ese fue mi primer jardín y el momento en que me di cuenta de lo mucho que me atraía este mundo en donde el viaje había recién comenzado. Hasta ese momento, la jardinería no había sido una actividad muy constante en mi vida que digamos, pero algo mantenía mi interés, tanto como para volver una y otra vez.

Mi padre falleció en 1956 cuando yo tenía 10, así que recién dos años después y luego de mucha discusión, mi madre le permitió a mi cuñado construir una nueva casa para nosotros ubicada en el sudeste de nuestro pueblo. Se habían acabado los días en los que atizábamos el fuego de una inmensa estufa de carbón en el sótano, ahora era un moderno calefactor con combustible automatizado.

En la primavera de 1959 le pregunté a mi madre si podía tener un jardín cerca del borde de nuestro patio trasero. «Eso sería agradable» respondió, así que preparé entre cuatro metros y medio y 21 metros de

SALVANDO NUESTRAS SEMILLAS: La Práctica y Filosofía

espacio para el jardín a mano. Cultivamos los vegetales más comunes: Tomates, cebollas, pimientos, frijoles, maíz dulce, pepinos, rábanos y zanahorias, siendo este mi primer jardín que perduraría hasta la mitad de la década de los 60.

Aquella primavera me dediqué a vender semillas de puerta en puerta para la Compañía de Semillas Americanas (American Seed Company). En otra primavera, tenía algo de semillas de cinia y ejotes de Topcrop que me quedaran luego de un éxito en ventas. Planté las cinias en un parterre que apuntaba al sur ubicado cerca del comedor. Un día, a finales del verano, noté que uno de mis brotes de cinia se había secado y vuelto marrón, por lo que decidí cortarlos y deshacerme de ellos. Para mi sorpresa, encontré las mismas semillas con forma de puntas de flechas al borde de los pétalos que tenía en los paquetes de la Compañía de Semillas Americanas en primavera.

En cuanto a las semillas de Topcrop, no tenía idea sobre cómo sembrarlas de forma sucesiva. Las planté todas a la vez en ocho filas de cuatro metros y medio de largo, pero no tenía idea de la cosecha que venía en camino. Mi madre me mostró cómo congelarlos y para cuando llegó el verano, disfrutamos una gran cantidad de frijoles. No hace falta decir que, con el tiempo, el recolectar y congelarlos se volvió sumamente tedioso, así que después de un tiempo, me detuve. Finalmente, un día, a finales del verano mientras cortaba el césped cerca del jardín, noté unas cosas de color café colgando de las plantas de frijol, por lo que me dirigí al huerto y recogí una para ver lo que era; resultó ser una quebradiza vaina bronceada. La apreté y, con un estallido leve, esta se abrió un poco. Proseguí a abrir el resto y ahí estaban: Las mismas semillas Topcrop que había plantado esa primavera.

En 1974 me casé y quería mudarme del ambiente suburbano de Chicago. Con el dinero que había ahorrado de un segundo trabajo, compré seis acres en el condado rural de Boone en Capron, Illinois, al este de Rockford, donde construí una casa de estilo ranchero. Trabajé en una planta fundidora en Woodstock, Illinois, en donde mis cheques no eran muy generosos que digamos. De manera frecuente fui trasladado de un trabajo a otro, nunca logrando ser eficiente en ninguno de ellos. Con seis acres de tierra, era momento de usar la jardinería para completar la lista de víveres.

Recordé a mi madre preparando frijoles pintos a mi padre, quien tenía diabetes, en la década de los 50. En lugar de la pasta y las papas que el resto de la familia disfrutaba, él se veía obligado a comer frijoles ya que estos se digieren lentamente y tienen bajos índices glicémicos, impactando el azúcar en la sangre de forma gradual. Recordé lo bien que estaban almacenados, el proceso y cómo cultivarlos uno mismo, por lo que me armé de una diversidad de catálogos de semillas y compré una serie de variedades de frijoles. Noté lo diferentes que estas eran en cuanto a su color y diseño; frijoles pintos, de horticultura e incluso varios ejotes con semillas jaspeadas.

Al vivir en este ambiente rural, mi esposa y yo teníamos que hacer nuestras compras en uno de los pueblos cercanos. En Harvard, Illinois, se encontraba una agradable farmacia con un bello estante lleno de revistas que robó mi atención en más de una ocasión. Fue ahí cuando descubrí la revista de Jardinería y Agricultura Orgánica, de la cual compraba su nueva edición cada mes.

En la edición de enero de 1978, se encontraba un artículo sobre un hombre de Lynnfield, Massachusetts llamado John Withee. Este artículo trataba sobre su colección de frijoles y la red de agricultores (Wanigan Associates) que él había desarrollado para mantener su colección con vida. Lo encontré bastante convincente, tanto para que, con la información que me fue presentada, enviara cinco dólares por una copia de su catálogo de frijoles, la cual conservo hasta el día de hoy. Lo estudié por alrededor de dos semanas y durante ese tiempo, me vi fascinado con las descripciones de los frijoles, las cuales a menudo incluían sus colores y los distintos patrones de múltiples variedades. Emocionado, envié algunos dólares más, junto con una lista de 35 variedades que encontré en su catálogo, las cuales, para mi deleite, llegaron a mi buzón unas semanas después.

Que fáciles de cultivar; estos increíbles frijoles eran bellos, útiles y variados, era como observar una exótica fotografía del espacio tomada por el telescopio Hubble. Sabía que adquirir más de ellos era sólo cuestión de tiempo, estaba enganchado y por muchos años cultivé los mismos frijoles que obtenía de él. Le envié semillas de vuelta a John cada otoño para hacer mi parte en ayudar a reabastecer su colección.

Junto con mis compras de alrededor de 15 variedades comerciales, las semillas autóctonas de John se convirtieron en la base para algunas de mis propias originales, muchas de las cuales aún existen el día de hoy y son cultivadas por otros jardineros tales como los frijoles Blue Jay, Pawnee, Candy, y Amarillo Kishwaukee. Creo en preservar semillas autóctonas de una multitud de frijoles, pero no me considero un purista

SALVANDO NUESTRAS SEMILLAS: La Práctica y Filosofía

al respecto. También creo en dejar florecer no sólo a las útiles nuevas variedades, sino que también aquellas ya probadas y verdaderas.

Más adelante, en 1978, descubrí un anuncio en la revista Noticias de la Madre Tierra acerca de una cadena de semillas llamada Redes de Intercambio de Semillas (SSE). En la edición del año 1979 del anuario de esta organización listé esos 35 frijoles que adquirí de parte de John Withee. SSE está enfocada en la preservación, ubicada en una granja de 880 acres en Decorah, Iowa, dedicándose a distribuir semillas a través de sus redes y cadenas, manteniendo estas variedades autóctonas con vida. Permanezco siendo miembro hasta el día de hoy.

Desarrollé mi propio sitio web sobre frijoles en el 2012, enfocado en mi colección llamada La Ventana de un Coleccionista de Frijoles y también tengo mi propia pequeña red de cultivadores llamada «La Pequeña y Simple Cadena Del Frijol».

Este es el camino en el cual he viajado por años, haciendo mi pequeño papel en preservar y nunca olvidar estas variedades, y nunca se tienen suficientes miembros. ¿Qué mejores razones para ser un preservador de semillas? Los humanos viven de acuerdo a variedades, no al aburrimiento de una monótona existencia. Es lo mismo con nuestros cultivos, se trata de un valioso recurso para nutrir el cuerpo y experimentar una belleza espectacular que alimenta al espíritu. Que aburrido e incoloro se vuelve el mundo cuando un elemento de este desaparece debido a una falta de atención en preservarlo. Todos somos parte de la misma creación, haciendo a este recurso tan merecedor de vida como nosotros, durante el tiempo que la Tierra exista. Es una deshonra permitir que esto se desperdicie cuando somos testigos de un verdadero tesoro que se nos fue otorgado gracias a nuestro propio pasado.

Frijol de Soya Midori Gigante
(Midori Giant Soy Bean)

Uno de los frijoles más grandes y de producción más pesada y temprana disponible. Perfectos para edamame e ideales para una agricultura de gran o pequeña escala.

Mi familia y yo vivimos actualmente en la región del medio oeste, en donde es normal encontrarse con esta legumbre. Es por esto que creo que cultivos como *Glycine max* se han vuelto sinónimos con muchos de los problemas en nuestra alimentación, en parte debido al modelo moderno de agricultura a gran escala. Considerando el espacio de tierra que se necesita para la producción de estos frijoles, es difícil de creer que este llegó a Norteamérica como alimento a finales de los 1800 y en poco tiempo, dominó la escena.

Mientras que la producción a gran escala está destinada a ser alimento para animales y aceite, he encontrado un gran número de agricultores con variedades hechas para ser disfrutadas frescas cuando las vainas están inmaduras a través de una preparación llamada edamame. Sea cual sea su destino, mantener la pureza varietal de estos frijoles es bastante sencillo ya que se auto-polinizan y cruces con insectos son poco comunes. Deja tus plantas madurar por completo para que, una vez se hayan secado y vuelto marrón, estos frijoles sean cosechados, trillados y aventados como cualquier otro. Para más detalles sobre cómo trillar y aventar semillas secas, ver la página 178.

Las vainas de variedades más modernas son más resistentes, pero aquellas más antiguas pueden romperse fácilmente y dejar su semilla en el campo, por lo que es crucial cosechar antes de que esto pase. Si planes pelar a mano, asegúrate de usar guantes ya que las vainas secas pueden ser afiladas. Hay que tener un cuidado especial con estas legumbres ya que son mucho más sensibles al tacto que otras especies y fáciles de romperse.

Fotografía tomada por Baker Creek Heirloom Seed Company

FRIJOL TÉPARI

Phaseolus acutifolius

Familia: Fabaceae

Método de polinización:
Se auto-poliniza y es polinizada a través de insectos en raras ocasiones

Aislamiento:
6-15 m

SEMILLA SECA

A
ANUAL

FRIJOL TÉPARI

Domesticado en algún lugar del desierto de Sonora hace más de 5000 años, este frijol de temporada corta y tolerante al calor es la solución a cultivar estas legumbres en áreas que estén experimentando sequías. *Phaseolus acutifolius* es, de muchas formas, muy similar a otros frijoles del mismo género; se cultivan por sus semillas, pueden ser de tipo arbusto o de vides y también poseen flores que se auto-polinizan, las cuales, en la mayoría de los casos, no se cruzarán con otras variedades próximas. De hecho, estos frijoles son uno de los cultivos auto-polinizados más consistentes que existen.

Lo que diferencia a esta especia es su amor por los climas cálidos y secos. Aún expuestos a condiciones de sequía, son capaces de tener una gran cosecha, de la cual se pueden consumir sus vainas inmaduras o pueden ser secados para luego ser almacenados.

Otro beneficio es la relativamente corta temporada necesaria para que maduren. Muchas variedades son conocidas por florecer dentro de los primeros 30 o 40 días después de ser plantadas, además de estar listas para ser cosechadas dentro de los siguientes 70 a 90 días.

Como cualquier otro frijol cultivado por sus semillas, estos deben ser cosechados y procesados como semilla seca luego de que las vainas se hayan secado y vuelto marrón. En muchas de estas variedades, las vainas se romperán al madurar, por lo que se debe tener mucho cuidado para que las semillas no se pierdan. Debido a esto, las vainas pueden ser cosechadas antes para ser peladas, lo que es bastante sencillo de hacer a mano. Si tienes una gran cantidad que necesitan ser procesadas, trilladas y aventadas, no te preocupes ya que son procesos bastante fáciles y puedes aprender más al respecto en la página 178.

Fotografía tomada por Baker Creek Heirloom Seed Company

GARBANZO

Cicer arietinum

Familia: Fabaceae

Método de polinización:
Pasa por una auto-polinización aunque ocasionalmente será polinizada por insectos.

Aislamiento:
3-6 m

SEMILLA SECA **A ANUAL**

GARBANZO

Se cree que estas legumbres, populares en España desde el 1759, reciben su nombre de la palabra vasca «garbantzu», lo que se traduciría como «semilla seca», además de ser domesticadas por primera vez en Siria hace unos 12,000 años atrás.

Aquí en Estados Unidos es probablemente más conocido como el ingrediente principal en el hummus, pero en nuestro hogar (y alrededor del mundo) el garbanzo es un versátil ingrediente usado en un gran número de platillos. El tipo más popular de esta legumbre es el Kabuli, el cual tiene una semilla grande color crema, pero también existe el tipo Desi que es más pequeña, arrugada y a menudo marrón o negra. Tenemos en nuestra posesión una variedad de muchos colores, la cual fue obsequiada por Telsing Andrews, un fitomejorador canadiense.

Debido a que *Cicer arietinum* se auto poliniza, no hay una mayor preocupación por una polinización cruzada, aunque esto se puede evitar completamente plantando una variedad por temporada. Asegúrate de plantar un buen número de garbanzos en tu jardín ya que cada vaina contiene sólo una o dos semillas en promedio. Esto asegurará que tu cosecha sea lo suficientemente grande como para disfrutarla en tu cocina y aun así gozar de una buena cantidad de semillas para el año siguiente. Esta legumbre es una semilla seca, por lo que en su cosecha y procesamiento se deben usar las mismas técnicas que con otros frijoles. Para más información acerca de cómo trillar y aventar semillas secas, visitar la página 178.

SALVANDO NUESTRAS SEMILLAS: La Práctica y Filosofía

Cómo la Diversidad Llena Nuestra Bandeja

Por Bevin Cohen

• • • • • • • • • • • • • • • • • •

Mientras que estoy sentado en la mesa de mi cocina mirando el frío y mojado clima que tenemos actualmente en Michigan debido al invierno, no puedo evitar recordar aquellos momentos en los que el sol estaba en su máximo esplendor acompañado por las canciones de diversas aves en el fondo. Sí, mi mente está feliz de tomar este camino a través del mundo de los sueños, devolviendo el tiempo para apreciar el vibrante césped verde de Summerland.

A medida que los sonidos y aromas de verano llenan mis sentidos, cariñosamente recuerdo las aventuras que he experimentado con mis dos hijos pequeños, explorando y descubriendo las innumerables costumbres con las que la madre Naturaleza comparte sus tesoros con nosotros: Una carrera a través del bosque en una tarde de junio o a nosotros con nuestras manos en el suelo del jardín familiar cosechando lo que se convertiría en la cena de esa misma tarde.

Mis dos hijos siempre han sido de gran ayuda en el jardín, ya sea arrancando malezas o recolectando los frutos de nuestro trabajo cuando estos alcanzan su máximo nivel de maduración. Trabajar en esto también los ha ayudado a adquirir una dieta bastante diferente cuando se compara con las de sus propios compañeros de clases. Otros niños disfrutan de «lujos» a la hora de comer como macarrones con queso, papas fritas o ravioles enlatados. Mis chicos, sin embargo, han desarrollado un gusto por cosas como el brócoli recién cosechado, guisantes aun tibios por la luz del sol y dulces cerezas recolectadas de las mismas plantas.

A aquellos niños a los que se les da la oportunidad de participar en el cultivo de sus propios alimentos ya sea en casa, la escuela o un jardín comunitario local, son mucho más propensos a incluir frutas y vegetales frescos en sus dietas. Puedo dar fe de ello, ya que, al ver a mi hijo de cuatro años, Elijah, ¡cortar la cabeza de un brócoli, limpiarla y comerla en el mismo jardín! Resulta que los niños aman a los vegetales cuando tienen la oportunidad de cultivarlos ellos mismos.

En nuestro jardín siempre hay una fila que parece ser la excepción a esta regla ya que no importaba si los vegetales eran caseros o no; Elijah siempre odió a los tomates, no importaba si estos fueran frescos o estuvieran cortados y acompañados con sal, ¡ni siquiera le gustaba la salsa de tomate o el ketchup! Realmente no había forma. Pero todo eso iba a cambiar gracias a la diversidad de estos vegetales autóctonos.

Elijah y yo fuimos a la ciudad vecina de Mt. Pleasant, hogar de la Reserva Saginaw Chippewa. Nos dirigimos a esta para entregar semillas de maíz al edificio de la 7ma generación, un centro cultural indígena que es hogar de un jardín de tres hermanas. Si no estás familiarizado con esto, básicamente se trata de una multitud de plantas que crecen en armonía para beneficiarse una de la otra y tradicionalmente, el maíz, los frijoles y calabazas son las tres hermanas. La semilla de maíz que entregamos ese cálido día de verano iba a ser usada para los cultivos del año siguiente y se trataba de una variedad especial llamada Maíz Criollo de la Isla del Oso, la cual adquirimos de un amigo preservador en Maine. Luego de investigar un poco al respecto, descubrí que esta variedad en realidad es originaria de una isla en el Lago Leech de Minnesota. Se usa para maíz molido de pedernal con dos veces más proteínas que los convencionales, además de ser alto en vitamina B. Estábamos emocionados de poder traer este regalo a nuestros amigos de la reserva, pero esa es una historia para otro día.

Durante nuestra visita, Elijah y yo disfrutamos de un tour de los jardines y otras instalaciones. Justo afuera de la puerta del invernadero, mi hijo vio una saludable y robusta vid de tomate que abría su camino por un enrejado. Lo que realmente llamó su atención sin embargo no fue el verde follaje de la planta, sino que los pequeños frutos amarillos con forma de pera que colgaban en abundantes racimos en todas las vides. Curioso como siempre, rápidamente se trasladó hacia su descubrimiento e inmediatamente preguntó si podía probar uno. Le dije que sí, asumiendo que no sería distinta a sus otras experiencias.

A lo largo de todos mis años en este planeta, una lección que siempre parezco volver a aprender es que uno nunca debe asumir nada; siempre es bueno mantener una mente abierta, y ese día, la aprendí nuevamente al ver la sorpresa y el deleite en los de mi pequeño al llevarse este tomate con forma de pera a la boca. « ¡Está muy rico!». Rápidamente llenamos una bolsa de papel marrón con cuanto tesoro pudimos llevar y nos apresuramos al auto para volver a casa. Elijah comió de estos tomates durante la mayoría del viaje de vuelta para luego detenerse y cerrar la bolsa. Me informó que debido a lo delicioso de esta fruta,

planeaba plantar el resto en casa y cosechar las semillas para poder disfrutar de ella en los años siguientes, ¡y eso es exactamente lo que hizo!

Han pasado tres años desde que Elijah probó ese tomate amarillo con forma de pera en el edificio de 7ma generación en Mt. Pleasant, Michigan, y desde entonces que cultiva y cuida estas plantas de tomate recolectando sus semillas cada temporada. Ciertamente se trata de un momento de orgullo tremendo ver a tu hijo mayor cultivar y mantener la variedad que ha aprendido a amar, pero más que orgullo, no puedo evitar sentir un sentimiento de asombro casi infantil sobre la increíble diversidad que la naturaleza ofrece, permitiendo que historias como esta sucedan. Con tantas formas, tamaños, colores y sabores de tomate disponibles, era solo cuestión de tiempo ates de que un aventurero de mente abierta como Elijah encontrara una variedad que se acomodara a sus papilas gustativas. Desde ese día, no se ha limitado a esa planta específica, sino que también otras que disfruta de igual manera.

Mientras que estoy sentado en la mesa de mi cocina mirando el frío y mojado clima que tenemos actualmente en Michigan debido al invierno, no puedo evitar recordar aquellos momentos en los que el sol estaba en su máximo esplendor acompañado por las canciones de diversas aves en el fondo y cómo aprendí de Elijah que la diversidad es la que llena nuestros platos.

GIRASOL

Esta planta anual es una adición majestuosa y con muchos usos para tu jardín o cualquiera en realidad. Con variedades que pueden alcanzar una altura de hasta 1,8 metros y un gran rango de colores en los que se incluyen desde el crema y amarillo claro hasta un color rojo e incluso púrpura, hay un girasol para todo gusto.

No es sólo atractiva de manera visual, sino que también posee una variedad de usos. *Helianthus annuus* es una obvia adición decorativa, pero hay algunas variedades que se cultivan específicamente por sus semillas comestibles y otros tipos como el cultivo de semillas oleaginosas que son usadas en la producción de girasoles y alpiste. De hecho, cuando están inmaduras, ¡hasta las hojas son comestibles y deliciosas!

Es curioso notar que el girasol no es sólo una flor, sino que un conjunto de flores más pequeñas y aunque ya son perfectas por sí solas, requieren de insectos para ser polinizadas. Por esta razón, es necesario mantener la variedad aislada para así asegurar la pureza de sus semillas haciéndolas auténticas. Las variedades más antiguas tienden a ser auto-incompatibles, por lo que el agricultor deberá asegurarse de poseer de 20 a 50 plantas para asegurar su diversidad genética y obtener un buen conjunto.

Estas plantas pueden ser polinizadas de manera manual si es que es necesario, pero las flores deben ser embolsadas durante todo el ciclo de floración, el cual dura alrededor de 10 días. La polinización a mano puede ser ejecutada con un pincel de pintura usando las técnicas descritas en la página 168 o simplemente removiendo las bolsas y frotar las flores unas con otras de manera breve.

Una vez que maduren y las semillas estén listas para ser cosechadas, la parte posterior de la planta cambiará de un color verde a un marrón amarillento. Intenta dejar que las flores se sequen lo más que puedas. Si la lluvia o los pájaros presentan una amenaza para tu cosecha, corta las flores y trasládalas a un lugar cubierto para que terminen de secarse. Una vez lo hagan, pueden ser removidas de las puntas frotándolas a mano o usando una malla para desplazar las semillas y, de ser necesario, estas también pueden ser trilladas y aventadas antes de ser almacenadas en un lugar fresco y seco hasta la próxima temporada.

SALVANDO NUESTRAS SEMILLAS: La Práctica y Filosofía

Fotografía tomada por Baker Creek Heirloom Seed Company

GUISANTE

Pisum sativum

Familia: Fabaceae

Método de polinización:
Pasa por una auto-polinización aunque ocasionalmente será polinizada por insectos.

Aislamiento:
3-6 m

SEMILLA SECA

A ANUAL

Guisante Dulce y Amarillo (Golden Sweet Pea)

Una de los pocos que contienen vainas amarillas y comestibles. Esta rara maravilla fue coleccionada por primera vez en un mercado en India, y desde entonces ha continuado impresionando a jardineros alrededor del mundo con su color rosa, sus flores púrpuras y producción elevada.

Nuestros hijos adoran cultivar guisantes cada primavera. ¡Aun no entiendo cómo llegan de estas legumbres a casa cuando se los comen casi todos como merienda en el jardín! No puedo culparlos, es también uno de mis bocadillos preferidos.

Las variedades de guisantes pueden ser divididas en un gran número de categorías, entre las que se incluyen los de campo (los que se cultivan por sus semillas secas) y de jardín (cosechados cuando siguen inmaduros y verdes para ser ingeridos). Los primeros también se subdividen en más tipos; aquellos con vainas no comestibles (guisantes que se pelan) y aquellos con vainas que si lo son. Todas estas clasificaciones se manejan de la misma forma al ser cosechados, sin importar hábito de crecimiento o su maduración en cuanto al mercado. Es importante notar que el término guisante de campo también describe a los frijoles caupís o *Vigna unguiculata*, una especie totalmente distinta, de la cual puedes leer más al respecto en la página 42.

Las plantas de *Pisum sativum* que se cosechan por sus semillas se tienen que dejar madurando en el jardín hasta que las vainas se sequen y vuelvan marrones, indicando su maduración. Si se pronostica lluvia y estás preocupado de que tus semillas se mojen en la etapa de secado, puedes desenterrar las plantas o cosechar las vainas de manera individual si es que son pocas, para luego colgarlas en algún lugar alejado de factores externos para terminar este proceso. Una vez secas, estas pueden ser trilladas y aventadas como cualquier otra semilla seca descrita en la página 178.

Fotografía tomada por Baker Creek Heirloom Seed Company

HABA

Vicia faba

Familia: Fabaceae

Método de polinización:
Pasa por una auto-polinización y una a través de insectos

Aislamiento:
60-150 m

SEMILLA SECA

A ANUAL

Habas Qhelka

Esta magnífica variedad es también conocida simplemente como «huella dactilar», además de ser un tipo muy especial en las sierras de Perú y consideradas sagradas y adoradas por los incas.

HABA

Las habas son unas legumbres ancestrales que se han utilizado en el área actual de Siria desde hace más de 12,000 años, aunque el fenotipo de semillas grandes con el que estamos familiarizados en la actualidad fue documentado por primera vez con evidencia arqueológica que data de hace sólo unos 2,000 años. *Vicia faba* hiberna en áreas con inviernos que no llegan a temperaturas menores a -9°C (15°F), disfruta del ambiente fresco y será eficiente si es plantada en climas del norte o durante el otoño.

Las habas son cosechadas y procesadas como cualquier otro frijol, ya que al ser una semilla seca requieren ser trilladas y aventadas para limpiar al frijol para ser alimento o almacenadas. Para más detalles sobre como trillar y aventar tus semillas visita la página 178.

Mientras que esta especie se auto-poliniza, sus grandes flores son muy atractivas para los insectos y cruces entre variedades es bastante común. La manera más sencilla de evitar esto es aislarlas o simplemente cultivar una variedad por año. Embolsar o enjaular estas plantas para evitar una polinización cruzada es una opción ya que esta especie se auto-poliniza, aunque un número de estudios han demostrado que *Vicia faba* tiene un rendimiento mayor y más temprano cuando a las habas se les ha permitido cruzarse con plantas que le rodean. Debido a todo esto, se puede entonces concluir que cultivar solo una variedad o asegurar un aislamiento apropiado entre las variedades es la decisión más productiva y eficiente. Para agricultores que estén interesados en el embolsado de sus brotes de habas, más información se encuentra disponible en la página 169.

Fotografía tomada por Baker Creek Heirloom Seed Company

HOJAS DE MOSTAZA

Brassica juncea

Familia: Brassicaceae

Método de polinización: Polinizada a través de insectos y ocasionalmente de manera autógama

Aislamiento: 800 metros

SEMILLA SECA

A ANUAL

HOJAS DE MOSTAZA

Este cultivo es bastante popular en Latinoamérica, pero en realidad puede ser cultivada en cualquier lugar. *Brassica juncea* no es sólo cultivada por sus deliciosas hojas, sino que también sus semillas son procesadas para convertirse en mostaza marrón, además de aceites de esta.

Las hojas de mostaza se originaron en algún lugar de Asia Central y ha sido cultivada en India y China por más de 3000 años. Se cree que esta especie se desarrolló de un cruce entre las especies *Brassica rapa y Brassica nigra*.

Tener esta planta por sus semillas es una tarea bastante fácil y descomplicada. ¡Es anual, auto-compatible e incluso en algunas ocasiones se auto-polinizan! En algunas áreas de Estados Unidos, *Brassica juncea* ha sido neutralizada, lo que pone en riesgo la pureza varietal. Si no se aíslan a una distancia apropiada una de la otra, el agricultor puede enjaular las plantas e incluso introducir polinizadores para así asegurar un buen grupo. Recuerda, las flores de mostaza estacadas pueden llegar a medir hasta metro y medio, por lo que las jaulas deben estar acomodadas al respecto.

Como otros miembros de la familia Brassicaceae, estas hojas producen semillas en unas vainas denominadas silicuas, las cuales se secarán y cambiarán de color a marrón indicando que está listas para recolectar las semillas, las cuales luego se deben trillar y limpiar teniendo en cuenta lo frágiles que son las vainas. Para más información acerca de cómo trillar tus semillas, ver la página 178.

LECHUGA

Lactuca sativa

Familia: Asteraceae

Método de polinización: Auto-polinización

Aislamiento: 3-6 m

SEMILLA SECA

A ANUAL

Fotografía tomada por Baker Creek Heirloom Seed Company

LECHUGA

¡Uno de los vegetales en jardines caseros más populares y simples para cultivar que existe! Se trata de una especie que se auto-poliniza, en la que cruces no son motivos de preocupación y que para mantener su pureza genética, es necesario un aislamiento leve.

Lactuca sativa es una especie bastante diversa con variedades que crecen con hojas sueltas, las cuales varían en cuanto a su tamaño. Los largos y cálidos días de verano hacen que las plantas comiencen su ciclo de producción de semillas. Una gran cantidad de agricultores se decepcionan al ver estas plantas florecer ya que significa que sus hojas adquieren un sabor más amargo, pero como preservador de semillas, este es un proceso de jardín emocionante. Cada flor está compuesta de entre 15 a 20 flores individuales, de las que cada una producirá semillas. Durante su período de floración de 40 días ¡una planta individual puede producir miles!

Cuando las semillas llegan a la etapa de maduración y se preparan para ser dispersadas por el viento, estas pueden ser recolectadas a mano o embolsadas para así ser almacenadas y limpiadas a través de procesos como el cribado o aventamiento, los cuales son descritos en mayor profundidad en la página 178. Un pequeño consejo; cuando tu lechuga alcance la maduración necesaria del mercado, corta una «X» en la punta de la cabeza de la planta para ayudar al pedúnculo a surgir con normalidad. Hay que tener cuidado de no cortar muy profundo ya que el tallo puede resultar dañado.

Estando de Pie Junto al Maíz
Por Bevin Cohen

• • • • • • • • • • • • • • • • • •

Pareciera que cada año tengo un capricho diferente en el jardín, una especie o variedad que destaca del resto y hace que mi corazón salte de emoción durante cada etapa de su ciclo de vida. Luego de que esta preciada semilla germina y empieza a brotar desde la tierra, mi aliento acelera. Cuando las primeras hojas se despliegan y extienden buscando la luz del sol, mis palmas comienzan a sudar. Al ver cómo los pimpollos emergen de sus capullos y florecen en toda su magnífica gloria, tiemblo con anticipación. Finalmente, cuando los frutos de mis plantas se desarrollan y maduran, puedo imaginarlos cargados con semillas para futuros jardines y no puedo contenerme, ¡la hora de cosechar ha llegado!

A través de los años, los focos de mi atención han sido los frijoles, también conocidos como las joyas del jardín del pobre, y los pimientos, tan diversos y coloridos que resplandecen con la luz del sol. También he estado distraído con los olores y sabores de tomates autóctonos aun tibios con el calor de la tarde. El año pasado, mi historia de amor fue con la col crespa y las acelgas, mientras que en esta temporada mi hijo sintió la flecha de Cupido con el nombre del quimbombó. Actualmente se encuentra siguiendo el rastro de al menos media docena de variedades diferentes en su jardín.

Pero a pesar de lo cambiante que son mis pasiones de jardín y mi tendencia a lanzarme a una relación seria con cualquier vegetal que cumpla mis expectativas, hay un cultivo de jardín que ha permanecido a mi lado constantemente. Un compañero silente que siempre espera que siente cabeza y me dé cuenta de todo lo que puede ofrecerme. Nunca ha pedido nada más que mi atención y tal vez algo de agua de vez en cuando, por supuesto, me refiero al maíz, la maravillosa *Zea mays*.

En nuestra pequeña granja en Michigan hemos cultivado una buena cantidad de maíz dulce, así como también de pedernal y harina de maíz. Recientemente, los chicos y yo empezamos un proyecto de reproducción de palomitas de maíz a pequeña escala, el cual ha sido realmente una oportunidad divertida para todos en la que se aprende constantemente sobre la genética de las plantas. Al ser una planta que

SALVANDO NUESTRAS SEMILLAS: La Práctica y Filosofía

se poliniza a través del viento, simplemente alternamos las siembras entre un puñado de variedades de palomitas de maíz previamente seleccionadas para pasar por una polinización cruzada una con la otra, dándonos así unos interesantes genes de los cuales podemos elegir. Es una experiencia tanto entretenida como educativa, y cuando llega el otoño, podemos disfrutar de unas palomitas de maíz caseras. En otras palabras, todos ganan.

Una de mis actividades favoritas para realizar durante la temporada alta es caminar a través de las muchas filas que hay en los jardines al amanecer, disfrutando el silencio del día antes de que las aves indiquen el comienzo de este con sus alegres silbidos y canciones. Esta parte del día que conduce a la salida del sol está llena de una potente tranquilidad en la que encuentro que es el mejor momento para ordenar mis pensamientos y escuchar atentamente al mundo mientras este despierta.

Es a menudo aquí en el jardín, mientras me veo estando de pie junto al maíz, que los primeros vientos del día despegan y soplan su camino a través de las orgullosas y erguidas filas de mis acompañantes en la tierra. Puedo distinguir un crujido a través de la brisa, casi como si pudiera oír su voz susurrando en mi oreja, cantándome canciones de miles de generaciones anteriores. Es a través del maíz, la más sagrada de todas las plantas, que la gente se ha sustentado de esta tierra a través de su alimento y cuidado. Para oír las canciones que el maíz transporta a través de la briza mañanera, recuerdo el trabajo duro y los sacrificios que ha hecho la gente que ha caminado por estos senderos mucho antes que yo plantara una semilla en el vientre de la Tierra. De una generación a la siguiente, desde la mano de la abuela a la de la nieta, las semillas de la vida han sido heredadas y mientras estoy de pie en el campo, sé que yo también tengo estas responsabilidades. Cultivar semillas es hacer un compromiso con la vida misma, y mientras nutra a esta planta y la vea crecer, acepto adherirme al convenio de la Abuela Maíz (Grandmother Corn). Ahora soy miembro del linaje de preservadores de semillas, si voy a plantarlas, también acepto salvarlas. No hay diferencias entre ambas y así el círculo de la vida sigue su curso.

Fotografía tomada por Baker Creek Heirloom Seeds

LENTEJA

Lens culinaris

Familia: Fabaceae

Método de polinización:
Pasa por una auto-polinización aunque ocasionalmente será polinizada por insectos

Aislamiento:
3-6 m

SEMILLA SECA

A
ANUAL

Lentejas Naranjas Umbras
(Umbrian Orange Lentils)

Algunas de las lentejas más prestigiosas en el mundo vienen de Francia e Italia. Las italianas son tradicionalmente cultivadas en dos áreas alrededor Castellucio y Colfiorito, además de ser únicas debido a su pequeño tamaño y maravilloso sabor. En Italia se celebra el año nuevo con lentejas ya que significan prosperidad.

Se cree que estas son las legumbres domesticadas más antiguas, siendo cultivadas en el área modera de Siria desde hace más de 13,000 años. *Lens culinaris* es un cultivo de temporada genial que será eficiente cuando es plantado al mismo tiempo que guisantes de jardín cuando hablamos de climas del norte. Son típicamente marrones o amarillas, pero hay otras variedades en las que sus semillas son verdes, negras, grises e incluso rosadas.

Son plantas de baja estatura, auto-suficientes y con flores que se auto-polinizan. Cruces entre variedades es bastante poco común ya que los insectos no están muy interesados y las flores se polinizan a sí mismas antes de abrirse. Son cosechadas como semillas secas y sus vainas generalmente contienen dos semillas cada una. Se recomienda que coseches las vainas antes de que se sequen completamente, ya que si se dejan en el jardín estas se romperán y semillas se perderán. Para más información acerca de cómo trillar y aventarlas, visitar la página 178.

LENTEJA

Fotografía tomada por Baker Creek Heirloom Seed Company

MAÍZ

Zea mays

Familia: Poaceae

Método de polinización:
Polinizada a través del viento

Aislamiento:
0.8 km – 1.6 km

SEMILLA SECA

A
ANUAL

Palomitas de Maíz de Fresa
(Strawberry Popcorn)

Estas lindas y pequeñas mazorcas se asemejan a fresas grades y son perfectas para decoraciones de otoño o para preparar unas deliciosas palomitas, además de ser un divertido cultivo para niños de todas las edades.

MAÍZ

Podría explayarme de forma poética acerca del maíz todo el día, pero sé que lamentablemente no todos encuentran esta hermosa planta tan romántica como yo. De hecho, sólo en Estados Unidos se cultivan alrededor de noventa millones de acres de maíz anualmente, mientras que el 75% de la cosecha es recolectada para la producción de etanol y alimentos para animales. A decir verdad, sólo una fracción de los millones de acres de los campos de monocultivo de maíz que vemos crecer a través de Iowa y la mayor parte del medio oeste está destinado para el consumo humano a través de jarabe de maíz alto en fructosa.

Aun puedes encontrar a gente manteniendo a estos bellos y ancestrales granos de manera muy cariñosa cada verano y finales del otoño en forma de jardines comunitarios, patios traseros y granjas urbanas, cosechando las coloridas mazorcas para hacer harina de maíz, maíz molido y maíz reventado.

Dado que la *Zea mays* se poliniza a través del viento, el método más sencillo para asegurar la pureza de las semillas es simplemente cosechar una variedad por temporada. Es importante notar que esta especie sufre enormemente de lo que se denomina como «depresión endogámica», por lo que uno debe asegurarse de recolectar semillas de un mínimo de cien plantas. Si te ves obligado a cultivar más de una variedad por temporada o si encuentras que tu jardín está muy cerca del campo de maíz de algún vecino, es clave polinizar manualmente para mantener la pureza varietal y evitar cruces. Se puede encontrar más información acerca de la polinización a mano en la página 168.

La semilla de maíz madura se deja en la planta el mayor tiempo posible para que esta se seque, sea recolectada, pelada y secada aún más en el interior lejos de factores externos. Puede luego ser retirada del elote de forma manual o con una desgranadora de maíz. En este punto, la semilla es fácil de limpiar por medio del cribado o aventándola. Para más detalles sobre cómo aventar tus semillas ir a la página 178.

SALVANDO NUESTRAS SEMILLAS: La Práctica y Filosofía

RAFAEL MIER
CIUDAD DE MÉXICO, MÉXICO. FUNDADOR DE LA FUNDACIÓN TORTILLA (TORTILLA FOUNDATION)

Mi entrada al mundo del maíz fue totalmente inesperada. Había organizado una pequeña fiesta para celebrar mi cumpleaños junto a mi familia y unos amigos. Ese día, comimos unas deliciosas tortillas hechas con maíz cultivado en mi granja en el Valle de Bravo. Fueron hechas de manera tradicional, con maíz nixtamalizado de la forma ancestral y tortillas moldeadas a mano al momento de cocinar.
En medio de la celebración, algunos invitados elogiaron el sabor y calidad de las tortillas, por lo que la conversación pronto se convirtió en una discusión sobre el proceso detrás de ellas. Quedé sorprendido al descubrir que la mayoría de mis invitados ignoraban la naturaleza de esta comida tan importante para la cultura mejicana. Darme cuenta de esto hizo que reflexionara en la desconexión que nosotros, los residentes de grandes ciudades en México, tenemos sobre el origen y la historia de nuestras comidas. La tortilla de maíz es la comida más consumida en México y es la principal fuente de calorías y proteínas para la población mejicana, además de ser uno de los elementos culturales y culinarios más importantes para nuestra cultura. Ha sido consumida por alrededor de dos mil años y durante todo ese tiempo, ha sufrido pocos cambios.

Aun cuando la tortilla es un alimento extremadamente importante para nosotros, actualmente está pasando por serios problemas. En los últimos treinta años, el consumo per cápita disminuyó en un 40%, y para empeorar las cosas, las tortillas que comemos hoy en día son de una calidad inferior. De igual forma, debemos notar que durante este mismo período de tiempo nuestra dieta ha sido seriamente afectada por ineficiencias, lo cual es evidenciado en el crecimiento de la población

Fotografía tomada por Baker Creek Heirloom Seed Company

con sobrepeso, obesidad o diabetes, ubicando a nuestro país entre los puestos más altos con este tipo de problemas a nivel internacional. No obstante, aun si la información sobre el descenso de la tortilla de maíz es alarmante, continúa siendo ignorada por políticos públicos e iniciativas sociales por igual.

Desde hace años he sentido la necesidad de hablar sobre la deterioración de la comida en México, lo que ha sido el tema de una variedad de artículos que he enviado a periódicos y revistas sin éxito alguno. La experiencia me permitió notar la importancia que tiene la información sobre tortillas y me ha hecho entender que para lograr un cambio en nuestra alimentación se comienza por lo esencial que es este alimento. Solía pensar que, si no hacemos que nuestro país tome en cuenta la calidad de nuestras tortillas, será muy difícil darnos cuenta de la calidad en otras comidas menos relevantes. Ese día me propuse conseguir en lo que creo, y eso es que México reflexione en la importancia de este alimento para nuestra cultura, dieta y nuestros desarrollos económicos y sociales.

Mi primera reacción fue la de escribir algo relativo a la tortilla, pero dado lo negativas que habían sido mis experiencias en el pasado tratando de publicar mis artículos, se me ocurrió que debería comenzar un grupo de Facebook, el cual nombré Tortilla de Maíz Mexicana y fue abierto para el público en noviembre del 2015. También tomé en cuenta las diferencias que nuestra versión de la tortilla tiene en comparación a las consumidas en Guatemala y otros países de Centroamérica. Comencé a publicar breves mensajes e imágenes diariamente sobre el proceso de elaboración de una tortilla, la variedad de maíces nativos que existen en el país y otros temas similares. Al principio, diez o veinte amigos seguían el grupo, pero lentamente ese número creció hasta los más de 365,000 seguidores que tenemos hoy en día.

En febrero del 2016 decidí formalizar las cosas y hoy en día somos Tortilla de Maíz Mexicana, la organización legal sin fines de lucro cuyo objetivo es promover y proteger la cultura, biodiversidad y consumo de maíces nativos para así recuperar la calidad por la que era conocida, aunque luego decidimos renombrar esta iniciativa como la Fundación Tortilla.

Somos una organización pequeña, pero hemos alcanzado metas importantes. Por ejemplo, durante estos últimos tres años hemos brindado más de ciento treinta conferencias en diversas universidades, escuelas, ferias regionales y mercados de productores. Hemos continuado el trabajo de crear contenido especializado en las tortillas y el maíz, esparciendo el mensaje a través de nuestra página de Facebook e Instagram. Hemos también filmado videos de corta duración documentando la cultura de estos temas, los cuales han generado millones de visitas a través de diversas redes sociales. De la misma forma, hemos colaborado con otros medios de comunicación para fomentar aún más nuestro mensaje y también estamos en el proceso de recuperar nuestras palomitas de maíz ancestrales, las más antiguas en el mundo y que se encuentran en peligro de extinción.

Actualmente, estamos promoviendo cambios en las normas que regulan la preparación y venta de tortillas de maíz en México, en las que buscamos lograr un mercado justo que haga una distinción en cuanto los distintos tipos y calidades de las tortillas hechas de manera comercial en México. Queremos una regulación que restrinja el uso de aditivos químicos, que prohíba el uso de colorantes artificiales y que proteja al consumidor de ingerir maíz modificado genéticamente y los residuos agroquímicos que lo acompañan.

Sin lugar a dudas, estos últimos cuatro años han sido los más gratificantes de mi vida y he tenido la oportunidad de ser una parte del maravilloso mundo del maíz, en el cual nunca deja de sorprenderme la grandeza e importancia que este tiene en nuestra cultura.

Fotografía tomada por Baker Creek Heirloom Seed Company

MELÓN

Cucumis melo

Familia: Cucurbitaceae

Método de polinización:
Polinizada a través de insectos

Aislamiento:
800 metros

SEMILLA HÚMEDA

A ANUAL

MELÓN

Hay muchas variedades de las cuales elegir, y cada una es igual de fácil de cultivar para sus semillas o como alimento. Cuando tus melones hayan alcanzado la etapa en la que están maduras como para el mercado, significa que también están listas para ser cosechadas por sus semillas. El problema más grande en la producción de estas es encontrar un melón que sea eficiente.

Cucumis melo se poliniza a través de insectos, por lo que se recomienda plantar una variedad por temporada para así asegurar la pureza genética de tu variedad. Si debes plantar más de una variedad y te ves imposibilitado en aislarlas apropiadamente, las flores deben ser polinizadas manualmente, proceso que comparte con las calabazas a pesar de que sus semillas sean más pequeñas y el cual se ve con más detalles en la página 168.

Cosechar y limpiar las semillas es simple, ¡además de que puedes probar de tus melones mientras trabajas! Dejarlas remojando en agua por un período corto de tiempo asegurará que el remover la pulpa sea fácil, en adición a ayudar en la separación de aquellas viables de las inmaduras. Para más información acerca de procesamiento de semillas húmedas, ver la página 174.

Es importante saber que algunas semillas viables flotarán junto con las inmaduras y se perderán en la decantación, pero no es nada en comparación a la cantidad que tendrás si sigues estos procesos al pie de la letra. Si esto es motivo de preocupación, se recomienda almacenarlas para luego secarlas, mientras que aquellas subdesarrolladas se pueden remover después con una rápida aventación, proceso que vemos con más detalle en la página 178.

SALVANDO NUESTRAS SEMILLAS: La Práctica y Filosofía

Fotografía tomada por Baker Creek Heirloom Seed Company

NABO

Brassica rapa

Familia: Brassicaceae

Método de polinización:
Polinizada a través de insectos

Aislamiento:
800 metros

SEMILLA SECA

B — BIANUAL

HIBERNACIÓN REQUERIDA,
VER PÁGINA 180

NABO

Como su especie prima *B. oleracea*, las plantas de la especie *Brassica rapa* son increíblemente diversas. Con el paso del tiempo, estas plantas han sido seleccionadas y desarrolladas dando como resultado hojas, capullos de flores e incluso raíces comestibles. Varias plantas de esta especie han sido utilizadas como alimento por humanos desde hace más de 10,000 años.

Aunque los nabos son auto-incompatibles, se polinizan a través de insectos, por lo que se cruzarán con plantas de la misma especie si tienen la oportunidad, en los que se incluye el brócoli raab, mizuna, choy sum y otros repollos chinos como Napa y bok choy. Algunos de estos tipos son bianuales y otros anuales, así que tal vez sea necesario experimentar para ayudar al agricultor a entender los ciclos de vida de las plantas para evitar una polinización cruzada.

Los nabos son bianuales y necesitan pasar por una hibernación antes de florecer y producir semillas. Para más información sobre el proceso de vernalización, visitar la página 180.

Al igual que otros miembros de la familia Brassicaceae, las semillas de nabo se desarrollarán en pequeñas vainas ubicadas en los tallos de la flor llamadas silicuas. Después de madurar, estas se secarán y cambiarán a un color marrón claro indicando que están listas para ser cosechadas. Estas vainas secas están diseñadas para romperse, por lo que el agricultor debe tener mucho cuidado al recolectarlas. Estas semillas son fáciles de trillar y aventar debido a la facilidad con la que se rompen. Para más información sobre estos procesos, ver la página 178.

Es importante que el agricultor esté al tanto de que hay variedades de canola que son cultivadas de forma comercial para la producción de semillas oleaginosas. La polinización cruzada con estas plantas es bastante probable, por lo que se recomienda precaución para evitarla. Enjaular las plantas polinizadoras es una opción, pero el aislarlas es mucho más simple de lograr, al igual que alternar los años en los que cultivas estas semillas.

Fotografía tomada por Baker Creek Heirloom Seed Company

PAPA

Solanum tuberosum

Familia: Solanaceae

Método de polinización:
Auto-polinización y polinizada a través de insectos

Aislamiento:
150 m

SEMILLA SECA

A
ANUAL

PAPA

Las papas son un importante cultivo alrededor del mundo y fue domesticado por primera vez en las montañas de Perú hace más de 10 000 años, ¡país en donde existen aproximadamente 3000 variedades diferentes! Mientras que muchas de estas son cultivadas de forma casera y comercial, plantar trozos de este vegetal producirá clones cada temporada. Esta entrada detalla el importante e interesante trabajo que es cultivar papas con semillas botánicas.

Muchas plantas de *Solanum tuberosum* producirán bayas pequeñas con apariencias similares a los tomates cherry inmaduros. Una vez que maduren, algunas de estas bayas permanecerán verdes mientras que otras cambiarán a un color marrón o incluso púrpura para indicar su maduración. Sabrás que lo hicieron cuando estas se vuelvan suaves al tacto o incluso cuando se caigan de la planta. Puedes almacenar estas bayas y dejarlas en un mostrador o ventana para que continúen este proceso si así lo deseas. También las he dejado en canastas por semanas hasta que tengo el tiempo de extraer sus semillas, proceso el cual me funciona de maravilla. Cuando están listas, la forma más fácil de cosechar las semillas es hacerlas pasar por un procesador de alimentos, un poco de agua y una hoja de masa. Las semillas útiles se hundirán, por lo que puedes decantarlas. En este punto, es recomendable fermentarlas al igual que lo harías con semillas de tomates. Para más información acerca de este proceso visitar la página 174.

Las enfermedades encontradas en los cultivos de este vegetal se traspasan de generación en generación a través de los tubérculos, por lo que el evitar esto es uno de los beneficios de cultivar con semillas botánicas. Otro detalle interesante es que sus descendientes no serán botánicas, a diferencia de la mayoría de los miembros de la familia Solanaceae. Esto significa que cada semilla producirá tubérculos diferentes a la planta madre; ¡esta es una oportunidad única para que experimentes con tus plantas e incluso puedes llegar a encontrar una nueva variedad aún más eficiente para tus jardines! La primera cosecha con semillas botánicas tendrá en su mayoría tubérculos pequeños, de los cuales puedes elegir a los mejores especímenes para que puedan producir

LAS HISTORIAS DE PRESERVADORES DE SEMILLAS

CURZIO CARAVATI
WISCONSIN, USA
FUNDADOR DEL PROYECTO DE PAPAS DE KENOSHA (KENOSHA POTATO PROJECT)

«La botánica del deseo» fue publicada por Michael Pollan en el 2001. Unos años después, en el capítulo sobre papas, descubrí que el autor tenía una planta en su jardín que producía bayas. En mis primeros años de jardinería, alguien me sugirió que removiera las flores de las vides para así proveer más energía a la producción de tubérculos de las plantas. ¡Resultaron no ser más que patrañas! Disfruta la belleza y diversidad de las flores de papas y puede que eventualmente encuentres una baya de frutas colgando por ahí.

No conseguí ninguna baya dado que no tenía las variedades de papas correctas y además no eran fértiles, aunque a medida que comencé a trabajar en mi colección, eventualmente encontré variedades fértiles. Bill Minkey y Will Bonsall, miembros de la organización sin fines de lucro Redes de Intercambio de Semillas (Seed Savers Exchange) proporcionaron el inventario inicial de mi colección, para luego recibir ayuda de otras organizaciones como AgriCanada y el Banco de Germoplasma Internacional (International Genebank) en la bahía Sturgeon de Wisconsin. Hoy en día tengo cientos de plantas de papas que producen bayas también conocidas como «bolas de semillas», las cuales son la parte más venenosa de la planta. Estas bayas parecen tomates cherry verdes, por lo que seguramente querrás educar a tus hijos a que no las consuman.

Facebook provee la plataforma perfecta para contactar a miles de entusiastas por las papas alrededor del mundo, ya que estas se cultivan en todos lados. Debido a esto, el grupo del Proyecto de Papas de Kenosha en Facebook puede que sea capaz de alcanzar su meta de seguidores adquiriendo miembros hasta de la Antártica. Ciertamente,

esta misión se alinea con mi sueño de crear un legado tal y como el de Johnny «Semilla de Papa» o Johnny «Semilla de Manzana», quien distribuyó estas semillas para promover la plantación de estos árboles en Estados Unidos. El Proyecto de Papas de Kenosha tiene varias actividades vigentes con el objetivo de conseguir jardineros y granjeros que tratan de cultivar papas comenzando con las denominadas semillas botánicas o TPS (True Potato Seed). En 2019, fuimos capaces de distribuir la misma colección de semillas a más de 60 cultivadores en distintas zonas climáticas.

Comenzar una planta de papas con una semilla, tal y como lo haces para los tomates, es una experiencia de aprendizaje muy interesante. Primero, te darás cuenta de que las semillas botánicas de papas son muy delicadas hasta el momento de moverlas al campo. La sorpresa más grande llega al momento de cosechar, ya que como cada planta es genéticamente diferente, probablemente sus tubérculos respectivos también lo sean. Imagina tener sesenta agricultores con alrededor de cien semillas cada uno, como mencioné anteriormente. ¡Al momento de cosechar tendríamos seis mil variedades nuevas de papas! Muchas de ellas no sobrevivirán la época de crecimiento mientras que otras puede que no produzcan tubérculo alguno.

Los tubérculos de cada planta son, en efecto, una variedad diferente que tendrá que crecer para luego ser evaluada bajo los siguientes factores: la consistencia de la forma y colores de los tubérculos, la textura y características culinarias y quizás el factor más importante, la resistencia de almacenamiento, ya que a nadie le importa tener una cosecha que es difícil de almacenar.

Y ahí lo tienes, ¡ahora eres un criador de papas aficionado! ¡La selección de las mejores variedades eventualmente te llevará a tus propias variedades! Adaptadas de manera local, fértiles y produciendo semillas de bayas preferiblemente todos los años. Ahora tienes una variedad autóctona propia. La semilla que extraes de las bayas de papas en el año 2020 germinará mejor en el 2022 que en el 2021, siendo estas bastante difíciles de conseguir. ¿Cuántos tipos de semillas conoces que tienen el potencial de germinar luego de 70 años? Si se almacenan apropiadamente podrían ser germinadas por tus nietos, ¿no es ese un maravilloso legado que heredar?

Además de eso, por ejemplo, la propagación de la papa comenzando con semillas botánicas cada cinco años, es un método de crecimiento muy sustentable. Por favor, déjame presentarte un significado alternativo a la palabra «sustentable»: Cultivar papas con piezas de tubérculo no es sustentable a largo plazo ya que estos son propensos a infecciones virales, lo que en temporada de plantaciones eventualmente reduce el rendimiento a cero.

Las semillas botánicas no pueden ser infectadas por virus comunes de papas. Por lo tanto, siguiendo un plan de cinco años que consiste en renovar el inventario de semillas de tubérculos, cualquier agricultor puede ser capaz de comenzar de nuevo con semillas de tubérculos saludables. Esto es sustentable ya que no dependes de los productores de estos elementos. El Proyecto de Papas de Kenosha es sólo uno de los muchos proyectos de horticultura y apicultura que son conservados en el Instituto de Agricultura Urbano de Kenosha (KUFI).

¡Espero que tus cultivos de papas sean fértiles y abundantes!

Pepino de Ochos Perfectos (Straight Eight Cucumber)

Recibiendo su nombre por sus ocho pulgadas de tamaño, esta variedad autóctona fue introducida por primera vez por el señor Ferry-Morse en 1935, ganando diversos concursos.

Los pepinos son de esos cultivos que siempre hacen que piense en el verano. Al ser un proveedor de mercados locales, he observado a clientes llevando cajones de estos frutos con la intención de lavarlos, cortarlos y ponerlos en vinagre; una maravillosa opción para disfrutar de este cultivo todo el invierno. Los pepinos son fáciles de cultivar, incluso en áreas con una temporada corta, además de ocupar mucho menos espacio que otras variedades de vides de la famila Cucurbitaceae. Hemos disfrutado enrejando pepinos en nuestro jardín casero, ya que esta técnica mantiene a los frutos lejos del suelo y facilita la cosecha.

Mientras que cultivar *Cucumis sativus* por su semilla es un proceso relativamente sencillo, hay algunos detalles que tomar en consideración. En primer lugar, ya que los pepinos pueden ser polinizados por insectos, deben ser aislados de otras variedades de la misma especie o de aquellas que se polinicen de manera manual para así evitar cruces. Para más detalles acerca de la polinización a mano, visitar la página 168.

En segundo lugar, para cosechar semillas saludables, estos frutos deben ser dejados creciendo en su planta hasta que maduren por completo. El punto en el que un pepino madura para el mercado no es el mismo que su maduración botánica. No te preocupes, tu pepino te hará saber cuándo esté listo para ser cosechado cambiando notablemente de color. Generalmente verás cómo estos se vuelven amarillos indicando que están listos, aquí es cuando debes cosecharlos y procesarlos como semillas húmedas. Para instrucciones sobre cómo cosechar y limpiar semillas húmedas, visitar la página 174.

Fotografía tomada por Baker Creek Heirloom Seed Company

PIMIENTOS

Capsicum spp.
C annuum, C chinense,
C baccatum, C pubescens,
C frutescens

Familia: Solanaceae

Método de polinización:
Autopolinización o polinización autógama y polinización a través de insectos

Aislamiento:
Entre 457 y 800 metros

SEMILLA HÚMEDA

A
ANUAL

PIMIENTOS

¡La rica diversidad del género Capsicum es asombrosa! Las cinco especies más comunes de pimientos que son cultivadas en la mayoría de los jardines ofrece un gran rango de colores, formas y tamaños, además de sabores que van desde lo dulce hasta tan picante que quemará tu lengua. Con esta cantidad de diversidad, cualquier jardinero puede encontrar una o dos variedades de Capsicum que sean perfectas para ellos.

Es importante notar que, para los pimientos, una polinización cruzada entre especies aún puede ocurrir, algunas veces con un índice de hasta un 80%. La única excepción a esto es la especie *C. pubescens*, la que destaca por sus semillas negras que no son compatibles con cruces de distintos miembros de su mismo género. Aunque las flores perfectas de las plantas de los pimientos se auto-polinizan, los insectos se ven muy atraídos a estas y felizmente realizarán una polinización cruzada a tus variedades mientras ellos disfrutan su día zumbando de flor en flor. Mientras que la mayoría de los cultivadores no tienen el espacio requerido para aislar sus plantas de forma apropiada, la flor de los pimientos puede ser fácilmente empaquetados para asegurar la pureza de sus semillas. De hecho, ha habido ocasiones en las que he empaquetado plantas enteras con bolsas de ensalada disponibles en una variedad de fuentes, por lo que pienso que esta es la forma más sencilla de evitar cruces entre mis variedades de pimientos, además de cobertores para plantas que también funcionan muy bien.

Cosechar la semilla desde la fruta madura es bastante simple y tu técnica puede cambiar de acuerdo a la variedad que cosechas. Para pimientos de pared delgada como los de Cayena, se pueden enlazar las frutas y colgarlas hasta que se sequen, de manera similar a como se prepararían para hacer polvo picante. Una vez que las frutas estén totalmente secas, pueden ser quebradas o desmenuzadas para liberar las semillas. Las variedades de paredes más gruesas no pueden ser secadas de esta manera, pero se pueden cortar para luego raspar las semillas y finalmente ser colocadas sobre mallas protectoras o incluso platos de papel, terminando así su secado. Los pimientos muy pequeños pueden pasar por un procesador de alimentos acompañados por una pequeña cantidad de agua para luego liberar a las semillas usando un accesorio especial. Una vez procesadas, simplemente se debe decantar la pulpa hasta que sólo queden las semillas, colar y dejar afuera hasta que se sequen por completo.

Recuerda: Asegúrate de usar guantes cuando coseches las semillas de pimientos picantes ya que la capsaicina puede irritar la piel.

SALVANDO NUESTRAS SEMILLAS: La Práctica y Filosofía

Fotografía tomada por Baker Creek Heirloom Seed Company

QUIMBOMBÓ

Abelmoschus esculentus

Familia: Malvaceae

Método de polinización:
Auto-polinización y polinizada a través de insectos

Aislamiento:
800 metros

SEMILLA SECA

A
ANUAL

QUIMBOMBÓ

A pesar de que es común ver al quimbombó en el sur Estados Unidos, este puede ser cultivado en casi cualquier lugar. El truco para una buena cosecha es el calor que la planta necesita para producir sus frutos, por lo que se necesita una temporada larga para que las capsulas maduren. En áreas de temporadas cortas, es necesario plantar antes cuando las temperaturas son altas.

No hay un consenso en cuanto al origen de *Abelmoschus esculentus*. Se cree que fue domesticado por primera vez en África ya que existen registros de su cultivo en Egipto alrededor del siglo XIV, para luego abrirse camino al continente americano durante el siglo XVII a través de esclavos africanos.

Las flores de quimbombó son increíblemente hermosas y a pesar de que se auto-polinizan, los insectos se ven muy atraídos a ellas. Hay una variedad de opciones para evitar esta polinización cruzada; cultivar una variedad por temporada, aislar tus variedades unos 800 metros una de la otra o embolsar las flores de manera individual para asegurar la pureza de las semillas. Cada vaina contiene un pequeño montón de estas últimas así que embalsar un puñado de flores producirá una buena cantidad para el año siguiente.

Luego de que las vainas se dejen en la planta para que maduren y se sequen, pueden ser cosechadas, trilladas a mano (usa guantes) o agitadas en un saco o una cubeta antes de ser aventadas. Para más información acerca de este último proceso, ir a la página 178.

LAS HISTORIAS DE PRESERVADORES DE SEMILLAS

CHRIS SMITH
**CAROLINA DEL NORTE, EE. UU.
FUNDADOR DEL PROYECTO UTÓPICO DE SEMILLAS
(UTOPIAN SEED PROJECT)**

Al crecer en Inglaterra, donde el quimbombó no es muy masivo, básicamente me salté todo el trauma que tiene este cultivo. No me mudé a Estados Unidos hasta que tenía 30, por lo que también me perdí el sesgo que existe contra la difamada Malvaceae. No la juzgué por su viscosidad. No sabía su historia, para mí era sólo otro vegetal nuevo que no había podido cultivar en Inglaterra, aunque si estuve cerca de caer en este grupo de personas en el 2006. Un local de comida rápida a las afueras de Cayton, Georgia, no le hacía ningún favor a la ya dañada imagen del quimbombó. Pero ese fue un pequeño desliz en mi relación con este vegetal, la cual comenzó con una sola vaina que me obsequiaron cuando fui obligado a asistir a la despedida de soltera de mi prometida en Columbia en Carolina del Sur por el año 2012. La vaina seca que la amiga de Belle me regaló había sido cultivada por una familia en Rosman, Carolina del Norte, por generaciones. Había una historia detrás de esta variedad y, de acuerdo a lo que eligiera, un futuro también.

Este tipo de regalos es muy distinto a algo como una tetera u otro utensilio de esa índole. Las semillas son un regalo que realmente importa. No sabía de la historia que había detrás de ellas, pero las he cultivado y almacenado cada año desde mi boda e incluso comencé a referirme a este quimbombó como Rosman Wedding. Es un quimbombó común sin muchas cosas excepcionales, aunque si me sorprendió su productividad superior cuando le hice una prueba junto con otras 76 variedades en el 2018, lo que tal vez dice mucho de la adaptación que tiene esta variedad (lo cual es una buena razón por sí misma para almacenar semillas).

Al principio de esa prueba, estaba algo preocupado de que todas estas otras variedades que gozaban de nombres, orígenes e historias geniales terminarían representando uno o dos fenotipos genéricos. Sin embargo, este no fue el caso. La diversidad que había en mi campo de quimbombós era asombrosa y resultó ser la inspiración para que Sembrado de Semillas Auténticas (Sow True Seed) formara un proyecto sin fines de lucro dedicado a la investigación y celebración de la diversidad en cuanto a alimentos y agricultura llamado el Proyecto Utópico de Semillas. Como director ejecutivo, decido sencillamente no tener una restricción en cuanto a agricultura y le grito a los cuatro vientos: «¡Tomaré uno de cada uno por favor!» En el 2019, cultivaré unas 70 variedades de quimbombó diferentes a las que tenía en el 2018 con la esperanza de que la diversidad crezca aún más.

Esta verdura es responsable de mi filosofía en cuanto a alimentos: Es básicamente la mejor en este sentido. Entre más leo, descubro, cultivo y experimento, más me doy cuenta de lo increíble que esta planta es. El gran número de tradiciones culinarias del quimbombó ha creado una multitud de preparaciones con sus vainas, aunque también podemos encontrar una variedad de usos de la flor, las hojas, la semilla y el tallo que pueden ser incorporados de manera sencilla a nuestras propias granjas y jardines.

Lo más probable es que la tierra natal del quimbombó sea Etiopía ya que, en adición a esto, hay un gran número de países africanos que tienen una variedad de usos para esta planta, los que van desde sopa con las hojas hasta pan con harina fortificada. Pero volviendo a los Estados Unidos, en las Granjas de Clay Oliver (Clay Oliver Farms) se está presionando la semilla para su aceite, mientras que negocios como Tempeh de Hara Sonriente (Smiling Hara Tempeh) han cultivado un tempeh de garbanzos que vienen de semillas de quimbombó. Me gusta asarlas y triturarlas para hacer una harina que luego uso como mezclas para panqueques y cortezas para pizzas. Esta flor es bastante interesante como decoración comestible para casi cualquier platillo, además de impartir un color rojo intenso a infusiones de vinagre y vodka. También he estado experimentado con un gin usando la flor de la planta, con unos resultados deliciosos y bellos colores. La Compañía de Té de Asheville (Asheville Tea Company) incluye al quimbombó en sus productos junto con otros sabores como roselle (*Hibiscus sabdariffa*) para una combinación *Malvaceae*. Otros proyectos no comestibles que mi familia y yo hemos disfrutado (o tolerado) en los que se usa esta verdura incluyen tratamientos faciales, acondicionadores de cabello, cordeles, papel y decoraciones de vainas secas.

 SALVANDO NUESTRAS SEMILLAS: La Práctica y Filosofía

Mientras más buscaba, más claro podía ver el potencial de esta planta. Katrina Blair me ayudó a descubrir malvaviscos de vainas de quimbombó, el chef Steven Goff un kimchi hecho de la planta, y yo por mí mismo me encontré con unos champiñones de ostras cultivados en vainas secas que fueron almacenadas por un tiempo. La Pastelería OWL (OWL Bakery) en Asheville hizo unos bollos con levadura y sabor basados en este vegetal mientras que Sunburst Chef and Farmer ahora vende microvegetales de quimbombó. Esta planta es tan versátil que siento que el único límite que hay es nuestra imaginación y la voluntad de aceptarla.

LAS HISTORIAS DE PRESERVADORES DE SEMILLAS

RÁBANO

Este delicioso espécimen ha sido cultivado y disfrutado por agricultores alrededor del mundo por miles de años. Las variedades más conocidas en la actualidad pueden ser separadas en dos grupos básicos, los rábanos de verano que son generalmente anuales y los de invierno, los cuales son en su mayoría bianuales. Los tipos de verano son aquellos rojos y redondos con los que estamos tan familiarizados, pero también vienen en un gran número de colores y formas; rosados, blancos, púrpuras y con formas cónicas, aplanadas y ovaladas. Existe un tercer grupo de rábanos que son cultivados específicamente por sus grandes vainas. Vale decir que estas son comestibles cuando están frescas en todos los tipos debido a su rico sabor.

Aunque *Raphanus sativus* tiene flores perfectas, no son auto-compatibles, por lo que necesitan ser polinizadas por insectos. Para asegurar un buen conjunto, es útil mantener una población decente de plantas (preferiblemente unas 20) para que florezcan. Evitar una polinización cruzada entre tus variedades es algo complicado, así que lo mejor que puedes hacer es plantar una por temporada.

Algunas de estas plantas alcanzarán una altura de hasta metro y medio. Las semillas se forman en silicuas que lucen bastante similares a las vainas de otros miembros de la familia Brassicaceae como la col crespa y el repollo, pero tienen unas paredes mucho más gruesas y es menos probable que se rompan antes de la cosecha. Debido a esto, trillarlas puede tomar un poco más de esfuerzo, a diferencia del aventarlas que se mantiene una tarea simple. Para más información acerca de estos procesos, ver la página 178.

Fotografía tomada por Baker Creek Heirloom Seed Company

REMOLACHA

Beta vulgaris

Familia: Amaranthaceae

Método de polinización:
Polinizada a través del viento

Aislamiento:
240 m-1.6 km

SEMILLA SECA

B BIANUAL

HIBERNACIÓN REQUERIDA, VER PÁGINA 180

Remolacha Verde Cheltenham Superior (Cheltenham Green Top Beet)

Cultivada por A. H. Cook de Cheltenham, Inglaterra, se trata de un cultivo pesado de una antigua variedad con raíz pivotante que se ha mantenido relevante desde antes del año 1880. Tiene largas y estrechas raíces y una merecida reputación por su sabor excepcional, textura y sus cualidades alimenticias.

Siendo un niño nunca parecía disfrutar el sabor de las remolachas a la hora de cenar o en ningún momento para ser honesto. No sabía si esta la textura o la presentación, pero ¡como adulto, lamento todo el tiempo desperdiciado en mi juventud que pude haber pasado consumiendo más remolachas!

La especie *Beta vulgaris* incluye a la variedad de mesa, la remolacha forrajera, azucarera e incluso la acelga. Al ser polinizada a través del viento, esta debe ser cuidada atentamente para mantenerla aislada, evitando cruces. El polen producido por estas plantas es muy pequeño y ligero, por lo que la manera más simple de asegurar su pureza es limitarse a florecer sólo una variedad al año. Las remolachas son bianuales y necesitan ser hibernadas de acuerdo a la descripción de la página 180.

Con algo de planeación y un horario alternante, puedes mantener unas cuantas variedades diferentes de tus remolachas y acelgas favoritas. Un detalle interesante es que el fenotipo frondoso de la *Beta vulgaris* fue domesticado hace 2000 años, aunque el vegetal de raíz al que denominamos como remolacha no se desarrolló hasta el siglo XVI. La conocida remolacha azucarera no fue cultivada hasta hace unos 200 años y desde entonces, se ha convertido en una comodidad de la que muchos de nosotros están familiarizados.

Un buen consejo es dejar un espacio adicional para tus plantas de remolacha del año anterior, ya que pueden crecer bastante y necesitar de estacas. Cuando los frutos que se forman en las ramas se vuelvan secos y marrones, pueden ser recolectados y limpiados como cualquier otro tipo de semilla seca.

Puedes aprender más acerca del procesamiento de semillas secas visitando la página 178.

Fotografía tomada por Baker Creek Heirloom Seed Company

REPOLLO

Brassica oleracea

Familia: Brassicaceae

Método de polinización:
Polinizada a través de insectos

Aislamiento:
800 metros

SEMILLA SECA

B — BIANUAL

HIBERNACIÓN REQUERIDA, VER PÁGINA 180

REPOLLO

Otro miembro de *Brassica oleracea*, el repollo es un cultivo bianual que requiere de hibernación y su cabeza está formada por hojas ahuecadas ubicadas alrededor del brote terminal. Luego de la hibernación, estas hojas se abrirán y el pedúnculo florar emergerá. Existe una gran diversidad cuando se habla de las variedades de repollo; algunos son blancos, verdes, rojos, mientras que otros tienen hojas más suaves o una textura más saboyana. Existen también un número de variedades de repollo chino, aunque para ser exacto, estos son miembros de otra especie llamada *Brassica rapa*, en la cual la polinización cruzada no es un problema.

Mientras que estas plantas son todas auto-incompatibles, fácilmente pasarán por una polinización cruzada, por lo que se deben tomar medidas para evitarlo. Ya que muchas de estas plantas son bianuales, le permiten al agricultor disfrutar de una diversa selección en una temporada al plantar las semillas del año pasado, por lo que se debe tener en cuenta de que estas plantas, a pesar de ser no compatibles con su propia especie, pueden pasar por una polinización cruzada. Aunque muchos de los cultivos de *B. oleracea* pueden tener un gran número de necesidades, básicamente producen semillas de una forma y un proceso similar a través de pequeñas vainas llamadas silicuas, las cuales al madurar se secan y se vuelven ligeramente marrones.

Estas vainas deben ser recogidas con mucho cuidado ya que se rompen fácilmente y si esto pasa, se perderá todo su contenido. Una vez recolectadas, pueden ser sacudidas o trilladas, removiendo las semillas para ser aventadas o hacerlas pasar por mallas, desechando así sus residuos. Más detalles acerca de cómo trillar y aventar semillas secas pueden ser encontrados en la página 178.

Potencial en un Campo Vacío
Por Bevin Cohen

• • • • • • • • • • • • • • • • • • •

Hace algunos meses me encontraba conduciendo con dirección a un evento en el cual haría una presentación. No estoy seguro, pero creo que iba a la inauguración de una nueva biblioteca de semillas o algo de ese estilo; después de tantas horas de viaje, a veces mis recuerdos se vuelven borrosos. Mi destino de aquel día no es importante, lo que importa es lo que vi a través de mi ventana.

Viajar en auto a través del Medio Oeste puede ser una experiencia horriblemente aburrida ya que la mayoría del campo está dedicado a la producción a gran escala de cultivos, en especial maíz y frijoles de soya. Si eres lo suficientemente afortunado de ir durante el verano o incluso a principios del otoño, te encontrarás con un océano verde que se extiende por millones de acres hacia el horizonte en todas direcciones. Puede que no sea lo más interesante del mundo, pero al menos es verde. Este viaje en particular sucedió a principios de la primavera, por lo que estos campos se encontraban estériles y baldíos. Ni una hoja de césped a la vista, sólo un marrón claro y polvo de tierra por kilómetros.

Al enfrentarme a estos grandes espacios de tierra vacíos que sólo se ven interrumpidos por el ocasional pueblo rural que consiste en nada más que una gasolinera, una iglesia y tal vez una tienda de un dólar o un bar, no puedo evitar vagar a través de mis pensamientos, buscando el propósito de estos campos y preguntarme: «¿Por qué no se usan a su máximo potencial?»

Para responder esta difícil pregunta, necesitamos entender el uso que tienen en la actualidad. Como mencioné hace un rato, un viaje rápido a través del campo en el verano basta para revelar que la mayoría de estos espacios están dedicados a la producción de maíz y frijoles de soya, pero ¿cómo se están usando estos cultivos?

En primer lugar, hablemos de los frijoles. El Departamento de Agricultura de EE. UU. (USDA) estima que, dentro de los próximos años, la producción de estas legumbres superará a la del maíz y se convertirá en el cultivo número uno a nivel nacional. Mientras que

SALVANDO NUESTRAS SEMILLAS: La Práctica y Filosofía

aproximadamente la mitad de la cosecha está destinada a ser exportada a China, la Unión Europea, Japón y otros países, alrededor del 70% se convertirá en alimentos para animales. Así que, en realidad, estos frijoles si llegan eventualmente a nuestras mesas, sólo que de una forma más indirecta. El aceite que se extrae de estas semillas, además, es un ingrediente clave en cosas como el biodiesel, lubricantes, crayones, velas y también puede ser encontrado en productos horneados, alimentos procesados y margarina. En el 2018, agricultores plantaron un total de 90 millones de acres de estas legumbres en los Estados Unidos.

En ese mismo año, también cultivaron aproximadamente unos 90 millones de acres de maíz, el cual es usado en su mayoría como alimento para animales, seguido de cerca por la producción de etanol. Entre el 10% y 12% del maíz cultivado en los Estados Unidos es usado en la producción de jarabe de maíz alto en fructuosa, endulzantes, almidón y cereales. El maíz dulce con el que estamos tan familiarizados como una delicia de verano representa el 1% de los cultivos de maíz en los Estados Unidos de forma anual. Aunque exportamos a otros países, es una cantidad mucho menor a la del frijol de soya, el cual representa un 13 % de la cosecha anual; la mayoría del maíz cultivado se mantiene en el país.

A diferencia de los frijoles, los que fueron domesticados en Asia, el maíz se originó en Norteamérica y fue domesticado en primer lugar por su uso en la agricultura en el área que hoy conocemos como México hace más de 8000 años. La gente indígena de esta zona ha mantenido una larga y sagrada relación con esta planta. El maíz es un factor importante en las historias sobre la creación y es realmente el alimentó que sustentó a la gente, de la misma forma que ellos sustentaron a la planta. Cuando los inmigrantes europeos llegaron a este continente, también lo adoptaron como su cultivo principal y encontraron que se adapta muy rápido a una variedad de climas y condiciones del suelo.

A medida que avanzó el tiempo, el maíz también pasó por lo que muchos considerarían «mejoras» a través de esfuerzos de hibridación y modificación genética. El propósito de este libro no es tomar una posición en cuanto a si esto es correcto o no, eso lo dejaré al juicio del lector, pero quiero tomar un momento para compartir algunos pensamientos que tengo acerca de la amplia comercialización del maíz.

En cierto modo, todo lo que ha pasado con el maíz me recuerda al tabaco, otra planta considerada sagrada por la población indígena del

continente. Algunos sitios de cultivos de la Nicotiana (tabaco) en el área de México datan de hasta el 1400 a.C., además de ser bastante popular con muchas tribus nativas. Era, y en algunos casos aún lo es, usado como artículo para intercambiar, así como también de manera social y ceremonial. El tabaco es visto en muchas tradiciones indígenas como un regalo del creador y es utilizado en numerosas ceremonias de oración.

Así que, para resumir, tanto el tabaco como el maíz son nativos de Norte América y tiene una larga y extensa historia de usos con la población que vive ahí. Ambas plantas son consideradas sagradas y son usadas tanto en la vida diaria como en un contexto espiritual. Luego de la llegada de los inmigrantes europeos, estas plantas rápidamente se comercializaron y fueron consideradas a no ser nada más que una comodidad que se compra y vende. Mientras conduzco acompañado por miles de acres usados para el comercio, cada una de esas plantas me recuerda de los errores que hemos cometido en esta tierra. Pienso en las atrocidades en contra de los nativos y los errores que seguimos cometiendo cada temporada mientras destinamos millones de acres de la tierra en producir nada más que alimento para el ganado, combustible para nuestros automóviles y aceites y jarabes para nuestro consumo de alimentos procesados. Cada acre que paso es un claro recordatorio de un sistema alimenticio defectuoso.

Si bien no ofrezco una solución específica, es imperativo que reconozcamos estas realidades. Tal vez al entender y admitir nuestros errores pasados podamos cambiar nuestras perspectivas y comenzar el viaje hacia reparar y sanar nuestra relación con la Tierra y sus cultivos ancestrales que nos han sustentado por milenios.

Fotografía tomada por Baker Creek Heirloom Seed Company

SANDÍA

Citrullus lanatus

Familia: Cucurbitaceae

Método de polinización:
Polinizada a través de insectos

Aislamiento:
800 metros

SEMILLA HÚMEDA

A ANUAL

SANDÍA

Nada dice verano como el disfrutar de unas rodajas de sandía en una barbacoa con tus vecinos, mientras el calor del día es saciado de manera momentánea por los sabores de este exótico y delicioso miembro de la familia cucurbitácea. Se cree que esta fruta originaria de África fue cultivada en Egipto alrededor del 1300 a.C. Desde ahí, encontró su camino a la India, luego China y eventualmente Europa. *Citrullus lanatus* llegó a América alrededor del año 1550 a través de colonizadores europeos y esclavos que venían de África.

Esta fruta es monoica, lo que significa que posee flores tanto masculinas como femeninas. Si bien son auto-compatibles, las sandías se polinizan a través de insectos, por lo que cruces donde hay más de una variedad son bastante probables. Para evitar esto, puedes elegir cultivar una variedad por temporada, pero si no es posible, se debe hacer una polinización manual para asegurar su pureza varietal. Se pueden encontrar instrucciones sobre este proceso en la página 168. Cabe señalar de que el melón de cidra es de la misma especie que las sandías, por lo que pueden ocurrir cruces entre estos dos tipos. En algunos estados sureños, estos melones se han naturalizado y el riesgo de una polinización cruzada es alto.

Cuando tus sandías estén maduras, sus semillas estarán listas para ser cosechadas. Saber exactamente cuándo maduran puede ser difícil, pero el recolectar las semillas es bastante simple. Todos hemos sido preservadores de semillas de sandías al menos una vez; ¡en vez de escupirlas al suelo, hazlo en un envase para almacenarlas! Asegúrate de lavarlas para remover todo residuo de azúcar que puedan tener para luego colocarlas en una malla o platos de papel para que se sequen. Si cosechas esta fruta estrictamente por sus semillas y no para consumirlas, esta puede ser cortada en cuatro para luego ser presionada con una tela metálica en una cubeta. Agrega algo de agua, revuélvela y deja la mezcla reposar por un rato. Luego decanta los desechos y vierte las semillas, que se encuentran en el fondo, en una malla para enjuagarlas.

LAS HISTORIAS DE PRESERVADORES DE SEMILLAS

ROB MCELWEE
LOUISIANA, EE. UU.
AGRICULTOR Y ENTUSIASTA DE SANDÍAS

Entre mis recuerdos más antiguos sobre agricultura se destaca la vez en que ayudé en los jardines de flores y vegetales de mi abuela a principios de los 80, cuando tenía unos cuatro años de edad. Tenía un jardín gigante en su patio trasero en el que trabajaba sólo con herramientas manuales. Yo la ayudaba a plantar semillas, a trasplantar plantas y a recolectar vegetales. Las primeras sandías que cultivé fueron de la variedad «Dulce Carmesí» (Crimson Sweet), la cual producía sólo dos sandías al año, pero desafortunadamente una fue recolectada inmadura mientras que la otra la dejé caer sin querer y se hizo pedazos. Sin embargo, ¡aun así me la comí!

Mi amor por las sandías realmente comenzó con mi tío, Baron Clinton. Cada año él plantaba más de 100 sandías junto con frijoles caupís y melones, recolectando estos últimos y apilándolos en la sombra de los árboles de ciruelas y mimosas. Cuando mi abuela y yo llegábamos de visita, corría hacia los montones de melones, impresionado por su diversidad; grandes, medianos, pequeños, redondas, con líneas, de color verde oscuro, gris y amarillo por fuera y rosados, naranjas y rojos por dentro. Generalmente me quedaba un momento contemplándolos antes de zambullirme en su dirección para luego rodar y acostarme sobre ellos, inundado por la sensación fría que estas frutas irradiaban en pleno día de verano. Posteriormente mi tío cargaba la camioneta pequeña de mi abuela con alrededor de una docena de los que había escogido previamente. Cuando llegábamos a casa, los formábamos en filas en el pasillo, en donde yo jugaba con ellos y les dibujaba encima.

Al crecer, le pregunté a mi tío los nombres de las sandías que cultivaba. Tom Watson, Kleckley Dulce (Kleckley Sweet), Graystone, Gris

Charleston (Charleston Gray), Diamante Negro, Rojo Y Amarillo, Jubilee, Tendersweet, Rey del Desierto (Desert King), Gris Irlandés (Irish Gray) y Dixie Queen son las que recuerdo, pero estoy seguro de que tenía más. Esto continuó por unos años, pero a pesar de lo joven que era, empecé a notar que mi tío cultivaba cada vez menos variedades. A mis 10 años de edad finalmente le pregunté por qué. Me dijo que el almacén de donde compraba la mayoría de sus semillas había dejado de vender las que más les gustaba cultivar y que los catálogos con los que ordenaba habían o quebrado o dejado de vendérselos. Me contaba historias de cuando él era joven alrededor de 1910, cuando los agricultores plantaban sus campos de sandías que actualmente se encuentran extintas; me decía del asombro que le causaba el tamaño, los colores de la corteza y las formas. Me contaba sobre cómo llenaban vagones con esta fruta, para luego ser transportados a la estación, desde donde serían cargados a otros trenes para ser enviados al norte. Me dijo cómo robaba sandías cuando niño que eran tan grandes que tenía que llevar a un amigo para que lo ayudara a cargarla fuera del campo. Me dijo que esto era considerado un rito de iniciación para un niño en ese entonces. Los agricultores estaban al tanto y si te atrapaban, fallabas y te ganabas una paliza, pero no una muy fuerte.

Mi abuela comenzó a plantar jardines cada vez más grandes mientras que mis tíos más pequeños al envejecer. Ella plantaba muchas sandías. Me decepcionaba que en los almacenes locales y aquellos especializados en semillas solo podía encontrar a variedades como la Jubilee, Gris Charleston, Diamante Negro, Dulce Carmesí, Tendersweet y la súper común Azúcar Bebé (Sugar Baby). La última vez que vi a la Dulce Kleckley (Kleckley Sweet) fue en un estante en 1989. En 1990, conseguí mi primer catálogo de semillas Hastings (Hasting seed catalog) y pronto ordené la Graystone y la Montaña de Piedra (Stone Mountain), cultivándolas luego ese mismo año. Tuve uno muy bueno, pero en esos tiempos no tenía idea acerca de la polinización manual, por lo que terminé con un montón de melones cruzados. En 1992, conseguí mi catálogo Hastings respectivo e intenté ordenar la Graystone otra vez, pero pronto descubrí que, para mi sorpresa y molestia, la habían descontinuado.

Al mismo tiempo, descubrí y me uní a las Redes de Intercambio de Semillas (Seed Savers Exchange). Conseguí su anuario y la segunda edición de si inventario de semillas de jardín. Me vi cautivado por la cantidad de melones que eran ofrecidos y algo triste por aquellos que ya no se vendían, en los que se incluían muchos de los favoritos de mi tío. También aprendí acerca de la polinización manual con un libro sobre

SALVANDO NUESTRAS SEMILLAS: La Práctica y Filosofía

crianza de vegetales que me fue obsequiado. Desde entonces hice mi misión el adquirir cada uno de los melones ofrecidos en esos catálogos. Comencé a podar césped, hacer trabajos en el vecindario y vendí cestos de frijoles caupís para juntar dinero. Compré montones de postales y empecé a pedir catálogos gratis y listas de precios para luego ordenar. Una vez mis paquetes comenzaron a llegar en enero, decidí plantar con una rotación de cinco años, ya que sólo contaba con un área de 45 m x 45 m, por lo que los melones que no iba a plantar ese año fueron almacenados en frascos de vidrio en el congelador

Una vez que llegó la tercera edición del Inventario de Semillas de Jardín, ordené todos los melones en él. No fueron tanto como en los otros anuarios ya que muchos de ellos se encontraban gravemente cruzados. Me di cuenta de que la mayoría de la gente listando los productos no tenían idea sobre el aislamiento o la polinización manual para mantener la pureza, lo que fue lo más difícil para mis cultivos, con algunas excepciones. Los tomates y frijoles no se cruzan al mismo ritmo que las calabazas o los melones.

En 1992, teniendo yo 15 años, conseguí mi licencia de conducir, lo que me introdujo a un mundo nuevo. Comencé a explorar los lugares cerca de donde vivía en las antiguas áreas de Natchez y Bermuda en Louisiana. Encontré un tesoro de vegetales ancestrales; frijoles caupís, una berenjena roja muy poco común, tomates, batatas, quimbombó y, por supuesto, melones, de los cuales estos últimos tenían una diversidad impresionante. Por ejemplo, un gran melón verde oscuro con una pulpa amarilla y semillas negras, uno muy pequeño de pulpa naranja, uno parecido a la variedad Gris Charleston, pero con semillas blancas y muchos más. Las semillas siempre eran manejadas por gente mayor expertos en cruces y el plantar una variedad por temporada, pero que, según ellos, no podían seguir cultivándolos y no querían que se perdieran debido al desinterés de sus familiares. Estaba tan impresionado que comencé a tomar notas y grabar conversaciones, ya que amaban hablar y yo estaba más que dispuesto a escuchar.

Para 1999, mi colección era enorme; 258 melones, 112 calabazas pepo y moschata, 56 frijoles caupís y cientos de otros vegetales. Tenía un sistema que era un éxito en mis campos, sobreviví sequías, venados, mapaches y gente que incursionaba en mi jardín. Compré tres congeladores para almacenar mis semillas y mantuve mis notas y cintas en el cobertizo de la familia. Y luego todo fue destruido.

A principios de marzo del 2002, estaba enganchando mi remolque para que este fuera capaz de llevar un montón de residuos de algodón compostado cuando me di cuenta de que mi vecino estaba tropezando en su campo, evidentemente en estado de ebriedad. No le presté mucha atención ya que esto no era inusual. Debí notar como contemplaba una pila de pinos cortados que tenía del año anterior. Estaba apurado ya que el cargador de la composta me estaba esperando. Al conducir por la autopista, tenía una sensación que me molestaba. Al volver noté una columna de humo a la distancia y algo me hizo acelerar, cosa que mi camión no agradecía.

Al doblar a mi calle pude claramente ver camiones de bomberos y a policías en mi entrada. Anonadado, estacioné detrás de ellos y salté de mi camión. Mi cobertizo de almacenamiento era un infierno. Mi vecino quemó sus montones de malea sin considerar cortafuegos, por lo que se expandió por todos lados en cosa de minutos mientras él se desmayaba en su casa.

Y ahí estaba, viendo como el fuego consumía 10 años de trabajo duro. Me sentí enfermo. El fuego ardió tanto que el metal de los lados se derritió y acumuló en el suelo. Todas mis notas, valiosas revistas antiguas, fotos, conversaciones con aquellos agricultores mayores y semillas fueron destruidas. También descongeló mis congeladores e hizo que mis frascos se rompieran. Estaba devastado. Mi vecino fue multado y su seguro cubrió los gastos del edificio, pero nada podía reemplazar lo que había perdido. Me rendí. No tenía la voluntad para rehacer mi colección. Además, muchas de las variedades de melón habían sido descontinuadas y ya no se encontraban disponibles. Toda la gente con la que había conversado había o muerto o estaban en asilos y como tenía un trabajo de medio tiempo, no disponía del tiempo para ir. Aun así, cultivé vegetales, pero no hice esfuerzo alguno en almacenar las semillas. En vez de eso, me concentré en cultivar rosas antiguas y flores por los siguientes 16 años.

Entonces, en el 2018, al ver mi antigua tercera edición del Inventario de Semillas de Jardín, me di cuenta de cuantas variedades estaban listadas como disponibles. Lo que encontré me dejó sorprendido. ¡Sólo alrededor del 20% de las variedades listadas en 1992 estaban disponibles! Saqué el resto de las ediciones sumé mis resultados. El resultado fue impresionante. De todas las variedades listadas en los seis libros, solo el 40% se encontraban disponibles. Los resultados eran aún peor para las nuevas. En adición a esto, aprendí que la mayoría de las compañías listadas como especializadas en melones habían desaparecido o abandonado las variedades raras. En 1980 y a principios de los 90, la compañía Wilhite fue una de las líderes en cuanto a cultivo de especies autóctonas y nuevas, de polinización libre y semillas híbridas de melón. Ofrecían variedades únicas tales como la Diamante Negro de Pulpa Amarilla (Black Diamond Yellow Flesh) y la Watson de Semillas Blancas (White Seeded Watson) que no eran ofrecidas en ninguna parte en ese entonces. Actualmente, sólo ofrecen un puñado de variedades libres comunes y libres, pero nada único. Me di cuenta de que algunos melones pasaron de tener alrededor de 20 fuentes para sus semillas a tener una o dos, ¡las variedades más raras pasaron de cinco o seis fuentes a sólo una! Comencé a buscar variedades antiguas y encontré muy pocas en internet, pero si encontré muchas compañías que ofrecían ediciones limitadas de variedades de polinización libre o abierta.

Algo despertó en mí y sabía que tenía que tomar acción. Empecé a ordenar cada melón de polinización abierta que podía encontrar, ya que estas compañías no parecían durar mucho. Encontré y ordené el Merrimac Sweetheart de una pequeña compañía de semillas en Georgia, variedad que no había estado disponible desde hace más de 70 años y que no tenía en mi antigua colección. Luego de conseguir las semillas, intenté pedir un quimbombó bastante poco común, pero el sitio web había sido clausurado. Si dudas, probablemente no tengas otra oportunidad por lo que, si ves algo que quieres, ve por ello. Para finales de marzo, terminé con 159 variedades de polinización libre. Había planeado cultivar unas 50 variedades este año, pero debido a un exceso de lluvia y un inicio tardío, sólo planté 10 de mis variedades más raras. Espero que crezcan, ya que cuatro de esas variedades son extremadamente únicas. Se cree que una de ellas es la variedad perdida Ravenscroft, pero no lo sabré hasta verla.

He investigado mucho acerca de todas estas variedades en el pasado y espero algún día escribir un libro sobre la historia de esta fruta en América, listando descripciones de todas las variedades que pueda desde el 1800 hasta la actualidad.

Fotografía tomada por Small House

TOMATE

Solanum lycopersicum

Familia: Solanaceae

Método de polinización:
Autopolinización y a través de insectos de manera ocasional

Aislamiento:
3-15 m

SEMILLA HÚMEDA

A — ANUAL

TOMATE

Se podría escribir un libro completo sobre lo delicioso que es el tomate. De hecho, existe una multitud de volúmenes en el mercado dedicado específicamente a esta increíble y diversa fruta. Puede que sea considerado el cultivo de jardín más popular y cada agricultor tiene una variedad favorita que ansía recomendar. Los tomates vienen en todas las formas, tamaños y colores; cherries, beefsteak, oxheart, roma, lisos, corazón de buey, amarillos, verdes, rojos, etc. Las plantas mismas pueden ser determinadas y crecer a un tamaño relativamente predeterminado con un tiempo de producción concentrado, o indeterminadas, dónde continúan creciendo y produciendo frutos hasta que la escarcha trae consigo el fin de la temporada. Las hojas de las plantas pueden tener esa apariencia dentada clásica o márgenes más lisos, también conocida como hojas con forma de papa. ¡*Solanum lycopersicum* es un ejemplo perfecto de diversidad en un jardín!

Los tomates en su mayoría se auto-polinizan, aunque hay algunas variedades más susceptibles a cruces a través de insectos. Con simplemente observar las flores de tus plantas puedes descubrir el tipo que está creciendo en tu jardín. Mientras que los estigmas de muchas de las flores de los tomates se encuentran escondidas y protegidas por el cono de la antera, puedes encontrar estigmas que sobresalen más allá de su cono protector; estas son las variedades con más riesgo a una polinización cruzada. No hay necesidad de preocuparse al respecto ya que con solo guardar estos brotes en bolsas evita a los insectos, asegurando que estos cruces no puedan suceder y manteniendo así la pureza y calidad.

La agitación de las flores ayuda en la polinización de todas las variedades de tomates, lo que en la naturaleza es realizado por el viento o por insectos, siendo los abejorros perfectos para esto. Esto puede ser replicado en situaciones con nulas contribuciones externas al sacudir suavemente tus plantas de tomates cada dos o tres días con un ventilador si es que se cultivan en un invernadero o en algún ambiente similar.

Cuando tus tomates estén maduros y listos para ser cosechados, será el momento perfecto para recolectar las semillas, las que pueden ser procesadas como cualquier otra semilla, aunque se recomienda la fermentación como paso adicional. Puedes aprender más sobre la fermentación de semillas en la página 174.

LAS HISTORIAS DE PRESERVADORES DE SEMILLAS

LAURA FLACKS-NARROL
MISSOURI, EE. UU.
FUNDADORA DEL PROYECTO DE RESCATE DE TOMATES IVÁN (IVAN TOMATO RESCUE PROJECT)

Existe una cita bíblica talmúdica que dice: «Cualquiera que destruya un alma, se le considera como si hubiera destruido un mundo completo, y cualquiera que salva una vida, se le considera como si hubiera salvado uno». Creo que esto también se aplica cuando hablamos de tomates autóctonos y, de hecho, comencé este proyecto justamente para salvar uno.

Cultivé estas frutas por muchos años en mi patio trasero con resultados no muy favorables. Parte del porqué es que vivo en Columbia, Missouri, donde los climas de verano son erráticos, secos, y con temperaturas extremas, todo en una temporada. Cada verano cultivaba en un esfuerzo por tener mi propia comida y en cada uno, mis plantas morían.

Un año, me quejé con un agricultor en un mercado local al aire libre. Me dijo que el «Iván» era el tomate autóctono de su familia y que debería tratar con él ya que soporta este clima con facilidad, por lo que decidí traer uno a casa. Lo cultivé y tuve como resultado una planta fuerte con una altura de dos metros y medio. Sus tomates tenían un buen tamaño y un clásico sabor ácido. Las vides eran fuertes y no mostraban indicios de las enfermedades comunes que atestaban a mis plantas, dando como resultado más y más frutos. Teníamos por doquier.

Almacené algunos y continué cultivando esta fruta, junto con algunos selectos amigos. No fue hasta varios años después que me di cuenta de que la familia del tomate no se encontraba en el mercado desde hace uno o dos años. Al investigar al respecto, descubrí que el padre de la familia, Jerry, quien era el responsable de su puesto en el mercado, había muerto, por lo que la familia, entendiblemente, no se encontraba

con la disposición de seguir con el negocio. Para hacer todo peor, dejaron todo su inventario de semillas en el cálido invernadero por unos veranos, por lo que estas ya no eran viables. Esto significaba que yo tenía las últimas semillas del maravilloso tomate Iván.

Hay momentos en la vida donde uno tiene que tomar una decisión. Puedes elegir alzar la voz en contra de injusticias o quedarte en silencio pensando que no es tu problema. Puedes elegir entre alcanzar grandes cosas o quejarte. Mi decisión estaba entre salvar a Iván o dejar que la genética de este maravilloso tomate se perdiera para siempre. Decidí cultivar vida, salvarlo y asegurarme de que esta variedad pueda estar disponible paralas generaciones venideras.

Este tomate, de una manera inusual, obtiene su nombre de Iván Koeppel de Memphis, Tennessee. Para la familia que lo cultivaba era infalible ya que siempre daba frutos y fue clave en cuanto a los orígenes de esta en el Medio Oeste. Lo cultivaban para enlatarlo y consumirlo, recolectando las mejores semillas cada año. No tenía nombre en ese entonces, era sólo el tomate de la familia.

La historia se torna interesante con la última generación. Jerry, el padre de esta fruta en el área de Columbia, estuvo en la guerra de Vietnam. Era un piloto de helicóptero y volvió de la guerra con cicatrices no visibles en el exterior. Sufría de estrés post-traumático y eventualmente tuvo un derrame cerebral. El verano siguiente, el primo Iván llegó a Memphis de visita y trajo consigo algunas semillas de este tomate. Las puso en la mano de Jerry y le dijo que cultivara vida.

Las hijas de este le construyeron un invernadero para ayudarlo a recuperarse a través de las plantas. Comenzó a cultivar flores silvestres y hierbas para luego avanzar a frutas y vegetales. Esto fue el inicio del vivero de plantas Heartland Family Farms. A través de los años, otros veteranos venían para trabajar con las plantas, aprendiendo habilidades y experimentando los poderes de sanación de la agricultura. Jerry y su familia dirigieron este negocio hasta su defunción, disfrutando cada minuto.

Puedes pensar que sólo soy una agricultora con muchas tierras, pero ahí es donde te equivocas. Soy una citadina originaria de Toronto, Canadá. No sabía nada sobre agricultura cuando me mudé a Missouri en 1996. En la actualidad, mi esposo y yo, junto con nuestros hijos, dirigimos el vivero que cuenta con unas 6000 plantas cada primavera, todas visibles desde la puerta de vidrio de nuestra cocina. Tenemos un pequeño invernadero y muchas camas elevadas en nuestro patio trasero. Cultivamos comida en esta hacienda suburbana y dirigimos un mercado agrícola vendiendo plantas, semillas, ungüentos, frutas y vegetales.

También comerciamos en línea, en el Mercado de Granjeros de Columbia (Columbia Farmers Market) y en otros espacios en el centro de Missouri tales como el Festival de Plantación de Primavera de Baker Creek (Baker Creek's Spring Planting Festival). Mientras que la grandeza de Iván es debido a sus cualidades adaptativas en el clima del Medio Oeste, no es limitado a este ya que ha sido cultivado en casi otro estado de los EE. UU., así como también en varios países del mundo.

Nuestra compañía Jardineros de la Victoria (Victory Gardeners) continúa en sus esfuerzos por encontrar cultivos autóctonos de familia para agregar a nuestro proyecto de rescate para así salvar estas únicas y valiosas plantas de la extinción. El tomate Iván es ahora parte del Arca del Gusto de la Comida Lenta (Slow Food Ark of Taste), en el cual ha dejado una buena impresión. Hay muchos cultivos que necesitan ser salvados y si alguna vez te encuentras con estas semillas, cultiva vida y salva estos mundos completos para que futuras generaciones los disfruten.

Fotografía tomada por Baker Creek Heirloom Seed Company

TOMATE VERDE

Physalis philadelphica

Familia: Solanaceae

Método de polinización:
Polinizada a través de insectos

Aislamiento:
800 metros

SEMILLA HÚMEDA

A ANUAL

Tomatillo Púrpura Coban
(Purple Coban Tomatillo)

Una hermosa variedad autóctona cultivada en una montaña en el pueblo de Coban, Guatemala. Aunque la intensidad del color púrpura puede variar, el dulce y único sabor es consistente entre las distintas cosechas.

TOMATE VERDE

Aunque son un género completamente distinto a los tomates, estos tomates verdes pertenecen a la misma familia y son cultivados de manera similar. De hecho, el nombre tomatillo significa literalmente «tomate pequeño». *Physalis philadelphica* tiene una larga historia culinaria a través de México y Guatemala y se cree que fue disfrutada por los mayas y aztecas.

Al igual que otros miembros del género *Physalis*, los frutos, además de variar en cuanto a su color, están envueltos en una cáscara casi de papel, la cual se romperá cuando estos maduren.

Los tomates verdes son auto-incompatibles, por lo que el agricultor debe cultivar una multitud de plantas para asegurar una buena polinización y conjunto de frutos. Se recomienda plantar de seis a diez plantas cada temporada para mantener la diversidad genética de la población. Al ser polinizada a través de insectos, estas plantas necesitan ser aisladas para evitar cruces con otras variedades. Mientras que es posible polinizarlas de manera manual o embolsarlas, cultivar una variedad por temporada es el método más sencillo para evitar una polinización cruzada. Para aquellos agricultores interesados en aprender más sobre la polinización manual en sus tomates verdes, se puede encontrar más información en la página 168.

Cuando los frutos maduren y estén listos para ser cosechados, también lo estarán sus semillas para ser recolectadas. Estas son procesadas como cualquier otra semilla húmeda de frutos pequeños, tal y como veremos en la página 174. La técnica más sencilla es usar una licuadora para remover las semillas pequeñas de la pulpa. Una vez realizado este paso, se deben trasladar a mallas o platos de papel para que se sequen.

Fotografía tomada por Great Lakes Staple Seeds

TRIGO

Triticum spp.

Familia: Poaceae

Método de polinización: Autopolinizante, viento polinizado ocasionalmente

Aislamiento: 3-6 m

SEMILLA SECA　　**A ANUAL**

TRIGO

Si bien es cierto que no es tan colorido como los tomates o pimientos ni tan fácil de incorporar a la rutina de cocina como la col crespa, el trigo es la base de la pirámide alimenticia y el movimiento hacia un sistema de comida local sólo puede tener éxito si es que mejoramos nuestra habilidad de cultivar y cosechar productos básicos. Si bien requiere un poco más de espacio que otras plantas más comunes, es fácil de cultivar y de cosechar.

Hay pocas especies de trigo disponibles en el mercado de hoy, con la principal siendo *Triticum aestivum*, la cual se divide en tipos de acuerdo a su color. En adición a esto, existe *T. turgidium*, también llamado trigo duro, el cual es más conocido por su uso como harina de sémola para las pastas. Los trigos Einkirn y Emmer son también sus propias especies, y estas cuatro son cosechadas y procesadas por su semilla de la misma forma.

Las flores son perfectas y se auto-polinizan, aunque en ocasiones pueden ser polinizadas a través del viento. No es común experimentar cruces entre variedades, por lo que se debe tener precaución al respecto o aislarlas. Sus semillas se cosechan igual que uno lo haría para su consumo. Hay que simplemente dejar a las plantas madurar y secar hasta que los granos se endurezcan. Una vez maduren, una parcela pequeña de trigo puede ser cosechada fácilmente usando una hoz, para luego ser movidas a algún lugar protegida de factores externos, continuando su secado por unos días más.

Cuando estén listas, las semillas pueden ser trilladas fácilmente agitándolas o apretándolas. Para más detalles sobre cómo trillar y aventar semillas secas, ver la página 178.

Recomiendo encarecidamente que cada agricultor, sin importar el tamaño de su parcela, intente cultivar trigo en su hogar al menos una vez. Si bien puede que no dispongas del espacio necesario para tus necesidades de cultivos anuales, cultivar y cosechar incluso una pequeña cantidad de trigo es una actividad única que todos deberían experimentar.

Fotografía tomada por Baker Creek Heirloom Seed Company

UCHUVA

Physalis grisea

Familia: Solanaceae

Método de polinización:
Pasa por una auto-polinización y una a través de insectos

Aislamiento:
90-450 m

SEMILLA HÚMEDA

A ANUAL

Uchuva Cabo Gooseberry (Cape Gooseberry Ground Cherry)

Una excelente opción si tu intención es usarlo en cocina mejicana o si quieres hacer una reserva a la antigua. Cosecha esta delicia que se caracteriza por si cáscara fina como papel y hojas extra suaves durante todo el verano y que además se ha convertido en una favorita de niños y adultos por igual.

No sólo eso, sino que también es increíblemente productiva, ya que unas pocas plantas producirán cientos de frutos a lo largo de la temporada, y al tener cada uchuva una buena cantidad de semillas, es fácil recolectarlas y almacenarlas para el próximo año, así como también compartirlas con quien esté interesado.

Los frutos de *Physalis grisea* cambiarán de un verde a amarillo al madurar dentro de su cáscara, y cuando lo hacen por completo, caerán al suelo de donde tú los recolectarás. Luego de sacarlos de su cáscara, pásalas por una licuadora para remover las semillas de la pulpa, ya que estas están listas para ser cosechadas desde el momento en que las uchuvas también lo están para ser consumidas. Las semillas húmedas como estas se procesan de manera sencilla y para más información sobre este proceso, ir a la página 174.

Physalis grisea se auto-poliniza, pero aun así puede que insectos causen una polinización cruzada si tus variedades no son aisladas de manera apropiada. Si bien embolsar cada flor individualmente puede resultar casi imposible, cubrir cada fila podría ser considerada la mejor opción para asegurar la pureza de las semillas. Si esta no es una opción en tu jardín, considera cultivar sólo una variedad de esta especie para evitar polinizaciones cruzadas.

Fotografía tomada por Baker Creek Heirloom Seed Company

ZANAHORIA

Daucus carota

Familia: Apiaceae

Método de polinización:
Polinizada a través de insectos

Aislamiento:
800 m-3.2 km

SEMILLA SECA

B BIANUAL

HIBERNACIÓN REQUERIDA,
VER PÁGINA 180

ZANAHORIA

Aunque las primeras zanahorias cultivadas eran de color blanco, amarillo o incluso púrpura, la que posee su raíz primaria anaranjada se ha convertido en la más reconocida. Se cree que los primeros en cultivar las primeras zanahorias naranjas en el siglo XVII fueron agricultores holandeses como un tributo a Guillermo III (William of Orange), quien lideró la independencia de Holanda.

Este vegetal es un placer para crecer en tu jardín una vez que uno domina la dificultad de germinar semillas, pero aun así puede resultar algo complicado de cosechar. El desafío más grande que enfrenta un preservador de semillas es la preocupación en cuanto a la polinización cruzada con una zanahoria salvaje conocido como el Cordón de la Reina Anne. Ya que *Daucus carota* es polinizada a través de insectos, tiene una compleja producción de semillas puras en áreas donde se encuentra este primo salvaje. Para algunos agricultores, enjaular tus plantas de zanahoria e incorporar polinizadores en el área es la solución, pero también he leído que algunos realizan una polinización manual para así asegurarse de que no haya cruces con otras variedades.

En adición a todo esto, otro desafío que uno encontrará al cultivarlas es la necesidad de esta planta de vernalización, además de que, al ser un cultivo bianual, debe ser hibernada antes de que florezca. En lugares con un invierno no tan potente, las zanahorias pueden ser hibernadas en el suelo aplicándoles una generosa cantidad de abono para así aislarlas. Para jardineros que estén en lugares donde los inviernos sean menores a -9°C (15°F), las plantas deben ser arrancadas y preparadas para el almacenamiento de invierno. Para más información acerca de la hibernación de tus cultivos visita la página 180. Una vez que tus zanahorias hayan sido vernalizadas, plantadas y asiladas de forma apropiada, se les puede dejar para que florezcan y terminen el ciclo de su vida. Al madurar, las semillas de *Daucus carota* se cosechan y procesan como secas de la misma forma en que se describió en la página 178.

SALVANDO NUESTRAS SEMILLAS: La Práctica y Filosofía

Rutas Comerciales Modernas
Por Bevin Cohen

• • • • • • • • • • • • • • • • • • • •

Cuando niños, aprendemos en la escuela acerca de las rutas comerciales usadas para intercambiar especias, té y otras comodidades exóticas alrededor del mundo. La más conocida es, por supuesto, la «Ruta de la seda», pero fueron las rutas marítimas las responsables de traer exploradores de todo el mundo e incluso tuvieron un importante rol en el «descubrimiento» de América por parte de Cristóbal Colón, aunque en la actualidad, tú y yo sabemos que alguien no puede descubrir tierras en las que alguien más ya vive, pero eso es tema para otro tipo de libro. Aunque en la actualidad, tú y yo sabemos que alguien no puede descubrir tierras en las que alguien más ya vive, pero eso es tema para otro tipo de libro.

Al aprender de estas rutas, también aprendemos que sirvieron un propósito más importante que sólo comercios entre países. También facilitaron un intercambio cultural, incluyendo temas como la religión, ideas y conocimiento. Desafortunadamente, también aprendemos que estas rutas comerciales son cosa del pasado.

Como cuidador de semillas, ejerzo una variedad de roles tales como agricultor, historiador, educador y recitador. Sin embargo, a través de este trabajo me encuentro a menudo viajando extensivamente para compartir estos valiosos conocimientos con mis pares, donde sea que estos se encuentren. Nos juntamos en intercambios de semillas masivos, conferencias sobre granjas, bibliotecas y cafeterías; básicamente en cualquier lugar en los que podamos desplegar y exhibir nuestros tesoros sobre mantas, de manera muy similar a cómo los comerciantes en la antigüedad, quienes viajaban a lo largo del país ofreciendo sus hierbas y especias exóticas, té y joyas a los observadores curiosos e interesados. Nosotros también ansiamos compartir nuestros valiosos artículos que a veces han viajado una gran distancia para así ser apreciados y admirados por jardineros de tierras lejanas.

Hace algunos años adquirí semillas de un bello frijol por parte de una amiga llamada Debbie Groat que vivía no muy lejos en Michigan. Esas fueron semillas hermosas, partes de una variedad de ejotes denominada «uva» (Grape). Como el nombre implica, es un frijol casi perfectamente

redondo y con un intenso color rojo oscuro. Eran realmente hermosas y, de hecho, ¡Debbie iba a usarlas para hacer joyas con ellas! Cuando las vi por primera vez, sabía que tenían que ser mías. ¿Cómo resistirse a su canto de sirenas? Afortunadamente, Debbie es una amiga generosa, así que con gusto me envió una muestra de estos increíbles frijoles.

Los cultivé ese mismo verano y resultaron bastante buenos. Se convirtieron en unas fuertes y saludables plantas cuyas vides medían entre 1,8 a 2,1 metros, lo cual es más alto que el tipi que había construido para ellas en nuestro jardín delantero. Las vainas eran algo planas, cada una conteniendo de seis a ocho pequeñas y redondas semillas que rápidamente llenaron sus envolturas. Las vainas amarillas y marrones estaban listas para ser cosechadas a finales de septiembre, por lo que me encontraba bendecido con una gran cosecha de bellas y redondas semillas que eran casi púrpuras. Siempre me impresiona lo abundantes que pueden llegar a ser las plantas con sólo un puñado de semillas, de las cuales me vi beneficiado con alrededor de más de medio kilo de frijoles para disfrutar y compartir con mis amigos.

La primavera siguiente me encontraba viajando nuevamente para visitar amigos e intercambiar semillas en uno de mis eventos favoritos, el Trueque de Semillas de los Apalaches (Appalachian Seed Swap). Estaba muy emocionado por presumir mi más reciente cultivo de frijoles uva ya que estaba seguro de que serían un éxito, y no decepcionaron. ¡Todos estaban asombrados por estas increíbles semillas y pronto me vi deseando haber llevado más por lo rápido que se las llevaban! Todos ansiaban conseguir una muestra de las semillas y yo estaba más que feliz de consentirlos hasta que una dama se detuvo en mi mesa, vio mis frijoles con una mirada curiosa y me preguntó en un tono casi acusatorio: «¿Dónde conseguiste estas semillas?».

Luego de una breve y tal vez nerviosa vacilación, le conté la historia de mi amiga Debbie y la joyería de semillas por la que era conocida. Le pedí que tendiera su mano y sobre ella vertí una pequeña pila de estas perlas de color borgoña y púrpura. No estaba seguro de qué respuesta esperaba, pero nunca imaginé la increíble historia que estaba a punto de escuchar. Resulta que la dama en mi mesa reconoció este único frijol y recordó a su abuela cultivando la misma variedad cuando aún era una niña. Estos frijoles también son conocidos como frijol de otoño, lo que significa que están listos para ser cosechados y usados como granos secos al final de la temporada de cultivo. Mientras ella contemplaba las semillas en su mano, las revolvió con su dedo recordando cómo su abuela solía preparar el más delicioso platillo de frijoles horneados para

la cena dominical usando este tipo de frijoles cultivados en su propio jardín.

Le pregunté qué había pasado con los frijoles de su abuela y si es que aún los cultivaba. Fue en ese momento que su voz se volvió a un tono triste mientras me decía cómo sus padres se mudaron cuando ella era aún una niña, por lo que no estaba segura qué había pasado con las semillas de la familia. Sus padres mantuvieron un jardín por un corto período de tiempo luego de que se instalaran en su nuevo hogar, pero cuando ella y sus hermanos crecieron, siguieron adelante con su vida y mantener un jardín ya no se encontraba en sus planes. Desafortunadamente esta es una historia común cuando trato de rastrear una variedad de semillas autóctonas específica. Muchas veces el rastro se pierde y solo puedo llegar a un punto en la historia. Le pregunté a la dama dónde se mudaron cuando se fueron de las montañas Apalaches. «A Michigan claro, teníamos que ir donde había trabajo y mi padre había conseguido uno en una planta automotriz».

¿Era posible que esta hermosa semilla roja que había adquirido de mi amiga en Michigan era la misma variedad que la familia de esta dama había traído desde Kentucky hace ya tantos años? Asimismo, ¿era posible que esta semilla hubiera seguido esta ruta comercial moderna de vuelta a su hogar aquí en las montañas Apalaches? Una de las lecciones que he aprendido después de todos estos años trabajando con semillas es que no hay tal cosa como las coincidencias. Tal y como las antiguas rutas comerciales vinculan a gente, países y culturas, las rutas modernas del cuidador de semillas continúan esta tradición de conectar a las personas, ayudándonos así a construir puentes de factores comunes que este mundo necesita tan desesperadamente. A través de las semillas podemos darnos cuenta de que todos somos parte de un mismo pueblo. A través de las semillas podemos compartir y expresar nuestro amor por el mundo natural. A través de las semillas podemos darnos cuenta de que todos estamos conectados y podría decirse que estas rutas comerciales modernas son las redes en las que todos estamos entrelazados.

La práctica

Polinización y Estructura Floral

Como preservadores de semillas, es importante que dediquemos el tiempo necesario para desarrollar relaciones apropiadas con nuestras plantas. Incluso el acto más simple, el observar, nos puede enseñar acerca de los cultivos y sus frutos. Nuestros estudios deben comenzar en el mismo lugar donde también lo hacen las semillas; las flores, las que también son mejores descritas como los órganos reproductivos de una planta.

Este bello brote de pimiento es un ejemplo ideal de una flor perfecta.

Es aquí donde sucede la polinización, fertilización y el desarrollo de frutas y semillas. Las partes de una flor normalmente se dividen en partes femeninas y masculinas. A la parte masculina se le llama estambre y consiste de una antera y un filamento, mientras que la femenina, denominada pistilo, consiste de un estigma, estilo y ovarios. Estos últimos son los que eventualmente crecerán para convertirse en el fruto luego de una correcta fertilización.

Una flor de tomate siamesa, también llamada un súper brote, es mas sensible a la polinización cruzada.

Un gran número de plantas de jardín tienen flores perfectas, lo que significa que poseen tanto partes femeninas como masculinas. A menudo estas plantas son auto-polinizadas, pero a veces este no es el caso y sus flores son auto-incompatibles. Muchos miembros de la familia Brassicaceae (brócoli, repollo, berza, etc.) son los ejemplos ideales de este fenómeno. Las auto-incompatibles requieren polen de otras especies de plantas que dan flores de la misma especie para desarrollar frutas y, eventualmente, semillas.

SALVANDO NUESTRAS SEMILLAS: La Práctica y Filosofía

Polinización y Estructura Floral

Por el contrario, una buena cantidad de cultivos populares de jardín son monoicas, lo que significa que cada planta tendrá flores masculinas (estaminadas) y femeninas (pistiladas). Las calabazas, los melones y los pepinos son ejemplos de esto, al igual que el maíz; las borlas que se forman en la parte superior del tallo son las flores estaminadas, mientras que las sedas que crecen lo más abajo del tallo posible, cerca del nódulo de la hoja, son parte de las flores pistiladas. Otras veces nuestras plantas serán dioicas, lo que significa que tendrán flores estaminadas o pistiladas, pero no ambas, como por ejemplo la espinaca.

Una flor femenina de calabaza (a la izquierda) puede ser fácilmente identificada por el pequeño fruto que está ubicado por debajo de los pétalos, a diferencia de una flor masculina (a la derecha).

En adición a esto, aunque muchas flores se auto-polinizan, muchas otras requieren de asistencia externa por parte del viento o de insectos para asegurar que ocurra la fertilización y polinización. Es importante entender cómo se polinizan nuestras flores, para que, como preservadores de semillas, sepamos cuando involucrarnos y cuando no. Observa a tus plantas, estudia sus flores y mira como la magia de su ciclo de vida se despliega ante ti.

Muchos polinizadores felices visitan esta flor de pepino.

Polinización a Mano o Manual

Para muchos agricultores, recolectar y preservar semillas de sus cultivos puede ser un desafío cuando se quiere alcanzar las distancias de aislamiento recomendadas entre variedades de la misma especie, evitando así una polinización cruzada y asegurando una semilla autóctona y pura para ser usada en la temporada siguiente. Una técnica que se puede dominar con algo de práctica es el arte de la polinización a mano o manual.

Algunos de los cultivos más comunes son aquellos polinizados a mano por agricultores y que son miembros de la familia Cucurbitaceae, en los que se incluyen las calabazas, los pepinos, melones y sandías. Si bien existen diferencias entre una especie y otra, cada uno de los frutos de estas plantas son polinizadas de la misma manera y, por lo tanto, se puede emplear la misma técnica.

Estas plantas son monoicas, ya que poseen ambas flores masculinas y femeninas. Son fáciles de identificar por su ovario visible justo debajo de los pétalos que parece una versión en miniatura del fruto de la planta, mientras que la flor estaminada no lo posee.

La polinización manual de las flores Cucurbitaceae es una tarea de dos días. En el primero, el futuro preservador de semilla se adentrará a su jardín en la tarde para identificar cuáles están más cerca de abrirse la mañana siguiente. En muchos casos, las pistas visuales de que una flor se va a abrir son fáciles de reconocer; las puntas fusionadas de los pétalos comenzarán a separarse y el color amarillo de las flores será aún más visible.

Una vez que estas hayan sido escogidas, deben ser aseguradas para evitar que se abran antes de que el agricultor vuelva por la mañana, lo que puede ser logrado usando pinzas para ropa, cinta adhesiva o incluso cuerdas. Asegúrate de que estén bien aseguradas y que los pétalos no se han roto en el proceso. Para la flor femenina, una pinza de ropa es ideal para este paso ya que no deseamos dañar sus pétalos de forma alguna. Marca la ubicación de estas flores (se recomienda usar banderas de marcado) en el jardín para agilizar el proceso de reposicionamiento.

En la mañana siguiente, localiza las flores masculinas que marcaste previamente y remueve lo que sea que hayas usado para asegurarlas y llévalas contigo mientras reubicas a la flor femenina. Expone los

SALVANDO NUESTRAS SEMILLAS: La Práctica y Filosofía

Polinización a Mano o Manual

antares de las flores estaminadas removiendo y desechando los pétalos, para luego abrir la flor pistilada delicadamente, exponiendo el estigma. Usando la flor masculina como una brocha, cepilla suavemente los antares sobre toda la superficie del estigma. Se recomienda usar dos o tres flores estaminadas por cada pistilada. Una vez finalizado este paso, vuelve a cerrar y asegurar los pétalos de la flor femenina para evitar contaminación por contacto con insectos o polen sobrante. Asegúrate de marcar el tallo con lana o cintas por debajo de esta flor para poder identificarla fácilmente.

Embolsado de Brotes

Este es un método simple y efectivo para aislar cultivos auto-polinizados, asegurando su pureza varietal. Para lograr esto, simplemente coloca bolsas de mallas sobre las flores antes de que estas florezcan para así evitar interacciones con insectos. Al ser auto-polinizables, estos frutos se formarán de igual manera dentro de la bolsa y, una vez que lo hagan, es seguro remover esta última.

Fotografía tomada por Small House

Polinización a Mano o Manual

Mientras que las calabazas, los melones y pepinos son considerados de los cultivos que se polinizan a mano más comunes, no son los únicos. El maíz, *Zea mays*, es un favorito veraniego que puede ser fácilmente (con un poco de práctica) polinizado a mano para asegurar su pureza varietal.

Las plantas de maíz también son monoicas; las borlas en la parte superior son la inflorescencia masculina y esta derrama polen, mientras que las sedas que se forman cerca de los ganglios foliares son partes de la flor femenina. Al igual que antes, el primer paso es cubrir a la flor estaminada para evitar un derrame de polen y así proteger a la nueva flor femenina de una polinización incontrolable, lo que puede ser logrado colocando una pequeña bolsa de papel sobre las borlas del maíz emergente, recolectando así el polen de la planta a medida que este es soltado. El preservador de semillas querrá también poner una bolsa de papel por sobre las sedas jóvenes para evitar una polinización accidental o no deseada por parte de otra variedad. Mientras que es recomendado comprar bolsas de protección de frutas hechas especialmente con este objetivo en mente, si uno se ve imposibilitado en conseguirlas, también puede simplemente usar pequeñas bolsas de papel cafés.

Las sedas que se forman cerca de los ganglios foliares de la planta de maíz son parte de la flor femenina.

SALVANDO NUESTRAS SEMILLAS: La Práctica y Filosofía

Polinización a Mano o Manual

En la mañana, cuando el rocío se haya evaporado y las bolsas de polinización estén secas, el agricultor puede recogerlas de las borlas doblando la planta hacia abajo para así quitar la bolsa, nunca olvidando que debe sacudir la planta suavemente para remover todo el polen extra. Una vez que se recolecta todo el polen del maíz, este puede ser surtido para asegurar una mayor diversidad en el cultivo y, además, ser usado para polinizar las sedas, las cuales también fueron guardadas en bolsas el día anterior. Para esto, simplemente quita la bolsa protectora, espolvorea el polen sobre las sedas expuestas y guárdalas nuevamente en la bolsa para evitar contaminación por parte de fuentes de polen no deseadas. Estas bolsas deben ser dejadas sobre las plantas hasta que las sedas se sequen por completo, se vuelvan marrones y puedan mantenerse en su lugar hasta la cosecha, ayudando así a identificar las mazorcas polinizadas a mano.

Fotografía tomada por Small House

Las borlas que crecen en la parte superior de la planta de maíz son la inflorescencia masculina que derrama polen.

Calabaza polinizadora manual

Paso a paso

Fotografía tomada por Small House

1 En la tarde, ubica las flores masculinas y ciérralas con cinta adhesiva.

2 En la tarde, ubica la flor femenina y suavemente ciérrala.

3 A la mañana siguiente, remueve los pétalos y las flores masculinas de la planta, estos primeros para exponer el estambre.

4. Con mucho cuidado abre la flor femenina y cepilla el estigma con las flores masculinas.

5. Vuelve a cerrar la flor femenina, asegurándote de que no dañaste los pétalos.

6. Marca de forma clara tu flor polinizada con una cuerda para que sea fácil de identificar.

Procesamiento de Semillas Húmedas

Cuando las semillas están listas para ser cosechadas y contenidas dentro de un fruto carnoso, se les refiere como semillas húmedas. Entre los ejemplos más comunes se incluyen los melones, las calabazas, tomates, pimientos y berenjenas, entre otros. Recolectar y procesar estas semillas requiere de unos pasos simples mientras que, en el caso de los tomates, pepinos y algunos otros, se requiere un tiempo adicional para fermentarlas.

Es importante esperar antes de cosechar tus semillas, generalmente hasta que los mismos frutos estén fisiológicamente maduros. En muchas ocasiones, recolectamos los frutos para consumirlos o el mercado cuando técnicamente están inmaduros; esperar su maduración incrementa las posibilidades de cosechar semillas saludables y viables.

Una vez que el agricultor haya esperado, sólo debe cortar y abrir el fruto para remover las semillas. A continuación, el preservador de semillas querrá limpiarlas para así remover cualquier residuo, evitando así problemas relacionado con moho. Esto se puede lograr en pequeña escala con un colador o bien con mallas especiales y una manguera para cultivos más grandes. Una vez lavadas, deben ser dejadas afuera para que se sequen, ya sea sobre dichas mallas o platos de papel, los cuales son fáciles de etiquetar con el nombre de la variedad. El agricultor puede también usar un ventilador a mínima velocidad para acelerar el proceso de secado.

Los frutos pequeños tales como las uchuvas y las bayas de papas pueden pasar por un procesador de alimentos para remover sus semillas, en el cual se le debe agregar un poco de agua y usar una hoja de masa para no dañarlas. Luego pueden ser decantadas fácilmente para así remover los desechos, los cuales flotarán, dejando las semillas maduras en el fondo del agua.

Fotografía tomada por Sow True Seed

Fotografía tomada por [...] Seed

Fermentación de Semillas

Como mencioné antes, semillas como las de pepinos y tomates pueden beneficiarse de la actividad adicional de la fermentación. Puede sonar algo complejo, pero en realidad, es bastante sencillo. Cuando las semillas de tu especie particular maduren, recoléctalas de los frutos y almacénalas en un frasco o una cubeta, junto con una pequeña cantidad de agua. A continuación, con una gasa, cúbrelas para mantener alejadas a las moscas de la fruta y al mismo tiempo, dejarlas respirar. Déjalas ahí entre tres o cuatro días hasta que en la parte superior se forme moho blanco. Una vez que esto pase, agrega un poco más de agua y revuelve la mezcla en el frasco; luego de unos segundos, esta se separará, dejando la semilla madura en el fondo mientras que el resto flota. Luego de que esto pase, simplemente decanta tus semillas desechando las porciones indeseadas, cuélalas y enjuágalas antes de moverlas a una malla o plato de papel para que se sequen.

Si bien no es completamente necesaria, si se recomienda que haya una fermentación ya que ayuda en remover los inhibidores de crecimiento que están presente de manera natural, mientras que al mismo tiempo ayudan a prevenir enfermedades de temporadas pasadas. En adición a todo esto, las semillas inmaduras tienden a flotar, por lo que también deben ser removidas durante el proceso.

Fermentación de Semillas de Tomate

paso a paso

Fotografía tomada por Sow True Seed

1. Reúne tomates. Márcalos para evitar confusión entre tus variedades.

2. Córtalos a la mitad de forma horizontal para dejar ver las cavidades de la semilla.

3. Aprieta o raspa las semillas dentro del contenedor.

4 Agrega agua y revuelve.
Deja fermentar por tres o cuatro días.
Las semillas se hundirán hasta el fondo.

5 Vierte los desechos fermentados y enjuaga las semillas.

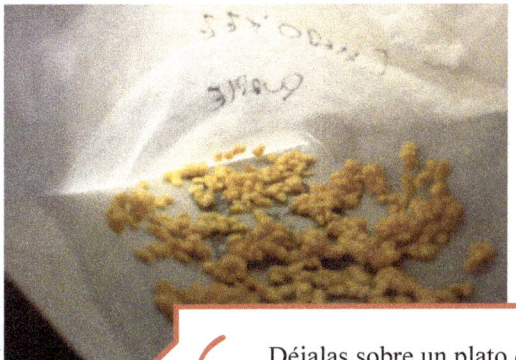

6 Déjalas sobre un plato de papel, una malla o filtro de café para secarlas.

Trillado y Aventado de Semillas Secas

Luego de que recolectes tus semillas secas del jardín, estas generalmente son separadas de las plantas y limpiadas. Estas técnicas son conocidas como trillado y aventado.

El remover nuestras preciadas semillas de las plantas secadas de manera apropiada a través del proceso de trillado es una tarea bastante simple y clara. Mientras que granjas más grandes ocupan máquinas trilladoras, a pequeña escala se pueden usar una variedad de objetos domésticos.

Fotografía tomada por Sow True Seed

Las cosechas pequeñas pueden ser trilladas fácilmente a mano, especialmente aquellos de semillas grandes como los frijoles y guisantes. Uno también puede optar por simplemente tomar un puñado de tallos de semillas secos y golpearlos con el borde de una cubeta, lo que hará que tanto estas como las vainas queden en el interior. Otra opción es la de dejar tu cultivo afuera sobre una lona y, usando un mayal o incluso sólo caminando sobre las plantas, aplástalas para que salgan sus semillas. Hace unos años, atendí un evento en donde procesamos arroz silvestre usando mocasines de cuero y bailando encima de la cosecha, liberando así las semillas de su cascarón.

Una vez que estas estén sueltas de sus plantas, deben ser aventadas para remover cualquier material adicional de la planta. Esto puede lograrse en una multitud de maneras que dependen de los recursos disponibles del agricultor, pero la manera más fácil definitivamente es usar el viento. En el evento del arroz, al finalizar el baile nos reunimos alrededor de la lona cubierta por semillas, tomamos los bordes y procedimos a lanzarlas al aire de manera rítmica y melódica para luego verlas aterrizar de nuevo en la lona. Con cada lanzamiento, el viento se llevaba un poco de residuos de las semillas y estas, al ser más pesadas,

Trillado y Aventado de Semillas Secas

volvían al suelo donde podían ser recolectadas nuevamente al terminar el proceso.

Esta técnica básica puede ser replicada usando un ventilador en vez del viento. Las semillas se vierten desde una altura frente al ventilador para así hacer que los cascarones, tallos y hojas sean soplados lejos y las semillas aterricen en un contenedor colocado abajo previamente. A menor escala, uno también puede aventarlas usando su propio aliento y un pequeño recipiente en el que dejarlas, lo que funciona perfectamente para semillas más pequeñas.

Como alternativa, también se pueden limpiar usando mallas, las cuales se escogen pensando en que la semilla pueda pasar por ella, más no así los desechos. Esto puede tomar unos cuantos intentos y aun así es posible que se necesite un aventado más profesional para limpiar tus cultivos por completo.

Fotografía tomada por Sow True Seed

Hibernación de Bianuales

A algunos de los cultivos de los que uno puede elegir para producir semillas se les denomina bianuales, la cual simplemente significa «dos años», a diferencia de las plantas anuales que completan su ciclo de vida en el primer año del plantado. Estas especies bianuales requieren un período de hibernación o vernalización para gatillar el inicio del ciclo reproductivo de las plantas, su floración y, eventualmente, su producción se semillas. Típicamente, una planta bianual necesita estar expuesta a temperaturas entre 4-10°C (40-50°F) por unas semanas para inducir su floración.

En algunos lugares del mundo, donde las temperaturas de invierno son leves, esto puede ser logrado al dejar tus plantas en el jardín para que sean expuestas al clima frío. El agricultor querrá plantar estos cultivos un poco después de cuando lo haría regularmente con uno enfocado en producción de alimentos, para que los especímenes estén jóvenes y fuertes cuando el clima de invierno llegue. Una capa de paja u hojas servirán de abono, manteniendo a estas plantas vivas.

En áreas donde los inviernos son más fuertes, el preservador de semillas querrá desenterrar sus cultivos bianuales y almacenarlos hasta la primavera siguiente. Una vez más, el mejor plan es hibernar estas plantas que aún son jóvenes cuando son desenterradas, ya que incrementará la posibilidad de que sobreviva el almacenamiento. Asegúrate de recortar cualquier exceso de hojas ya que estos se pudrirán y lo más seguro es que cause que tus vegetales también lo hagan cuando estén guardados.

Pueden ser almacenados en una bodega especial para raíces o empaquetadas en aserrín o arena. Replanta tus cultivos hibernados tan pronto el suelo pueda ser trabajado en primavera. Asegúrate de darles el espacio suficiente para que produzcan flores y semillas, ya que algunos cultivos ocuparán un área mayor en esta etapa de su vida.

Lugares en donde por la noche sus temperaturas no alcanzan los 40-50°F (4-10°C) pueden elegir vernalizar o no sus cultivos bianuales, colocándolos en un refrigerador para simular el invierno necesario para gatillar su florecimiento.

Etiquetaje y Almacenamiento

Después de todo el trabajo duro que el agricultor pone en cultivar, aislar, cosechar y procesar sus cultivos, este paso final es crucial para asegurar que estas preciosas semillas retengan su vitalidad y permanezcan siendo capaces de crecer por muchas temporadas.

La importancia de etiquetar tus semillas de forma apropiada no debe ser subestimada; sin una documentación y organización adecuadas, el agricultor se encontrará cultivando un campo de misterios. Por ejemplo, muchas variedades de tomates poseen una multitud de apariencias identificables, pero sus semillas se ven casi idénticas, por lo que un etiquetado apropiado es crítico. Tus cultivos no solo necesitan ser etiquetados, sino que esta identificación debe continuar desde la cosecha hasta la recolección de las semillas.

Entre algunos trucos y consejos que pueden ayudar a un preservador de semillas a mantenerlas en línea se incluyen el escribir el nombre de la variedad directamente en los frutos cosechados con un marcador permanente, etiquetar las vigas del cobertizo en donde las vainas de las semillas hayan estado colgadas antes de que se secaran y escribir en los platos de papel o mallas que fueron usadas para secar los cultivos de semillas húmedas. Algunos de los cultivos de semillas más grandes se secan en mosquiteros colocados de manera horizontal en caballetes en el granero; basta sólo un pequeño cuadrado de pintura en el borde de la puerta para que pueda etiquetar y re etiquetar cultivos durante toda la temporada.

Una vez que tus semillas estén completamente secas, están listas para ser almacenadas hasta la próxima temporada. Si bien los métodos de almacenamiento dependen de la necesidad, el espacio y los recursos que uno posee, los tres detalles más importantes son el dejar tus semillas en un lugar oscuro, fresco y seco, lo que puede ser fácilmente solucionado poniendo tus semillas en una caja de zapatos y dejándolas en un armario en el sótano. Muchas de nuestras semillas están guardadas en frascos en la misma parte donde tenemos nuestras comidas enlatadas, nuestras papas y las calabazas de invierno.

Otra buena opción es mantenerlas en contenedores herméticos en el refrigerador. Las semillas almacenadas en este ambiente fresco, en donde las temperaturas raramente cambian, pueden mantenerse viables por años. Sin embargo, la mejor solución a largo plazo, para aquellos que pueden costearlo, es almacenarlas de manera apropiada en contenedores herméticos en el congelador ya que así estas durarán años.

www.ingramcontent.com/pod-product-compliance
Lightning Source LLC
Chambersburg PA
CBHW062022290426
44108CB00024B/2739